学会创新

创新思维过程与方法

[英] 罗德·贾金斯 (Rod Judkins) ◎著

肖璐然◎译

THE ART
OF
CREATIVE THINKING

中国人民大学出版社
·北京·

图书在版编目（CIP）数据

学会创新：创新思维过程与方法 /（英）罗德·贾金斯（Rod Judkins）著；肖璐然译. —北京：中国人民大学出版社，2020.11
ISBN 978-7-300-28153-7

Ⅰ.①学… Ⅱ.①罗… ②肖… Ⅲ.①创造性思维—通俗读物 Ⅳ.①B804.4-49

中国版本图书馆 CIP 数据核字（2020）第 097653 号

学会创新
创新思维过程与方法
［英］罗德·贾金斯（Rod Judkins） 著
肖璐然 译
Xuehui Chuangxin

出版发行	中国人民大学出版社		
社　　址	北京中关村大街 31 号	邮政编码	100080
电　　话	010－62511242（总编室）		010－62511770（质管部）
	010－82501766（邮购部）		010－62514148（门市部）
	010－62515195（发行公司）		010－62515275（盗版举报）
网　　址	http:// www. crup. com. cn		
经　　销	新华书店		
印　　刷	德富泰（唐山）印务有限公司		
规　　格	148 mm × 210 mm　32 开本	版　　次	2020 年 11 月第 1 版
印　　张	9.125 插页 2	印　　次	2020 年 11 月第 1 次印刷
字　　数	151 000	定　　价	69.00 元

The Art
of
Creative Thinking

前 言

当我成为艺术学院学生的那刻，生命中第一次觉得如此自在。

在上大学之前，我们的创意是被压制的，创意是老师和权威所惧怕的东西。他们认为它危险，且无法控制，于是他们禁止学生的任何创意，就像禁止毒品、偷窃和赌博一样。

而在艺术学院里，一切都不同了。这里的精神之一是：犯错是好的，允许尝试与失败，大家并不看重如何做“对”。这里的人们为了实验而实验，做无用的事——又或者做一件事只因为这件事是无用的。艺术学院的空气里满是自由与灵魂的释放。外界的人们都在假装理智包装自己，实则盲从，他们做只因为其他的人也这样做。而艺术学院的创新思维却有价值多了，甚至比遵循理智的逻辑来得更有效。

很多年后当我重新回到艺术教育行业，成为一名大学教师，我发现艺术圈的氛围还是一样。这些年我不断平衡自己的不同角色——艺术教育者，艺术家，作家，咨询师和演讲者，以及创意技巧的猎头。离开皇家艺术学院之后，我在世界各地举办了多场个人画展，这之中包括英国最著名的不列颠泰特美术馆和国家肖像画廊。从1999年开始，我在中央圣马丁学院授课，同时作为创意咨询师与世界各地的公司和商业伙伴沟通，我也举办以创意为核心的工作坊以解决实际的专业问题。这些工作坊用创意技巧来寻找最原始的灵感，帮助公司及人们建立自我与创意的关联。

我想把存在于艺术领域的创意精神带到更广大的世界中去。并不是因为我想写本书而写，我写是因为需要。在帮助不同领域的学生、商业伙伴和公司的这些年里，我见证了创新思维怎样改变了每个人的日常生活，这之中既包括科学家也包括办公室职员。在这本书中，我会讲述即兴爵士乐可以怎么让管理工作更顺畅，如何用鲨鱼出没的故事帮助一个濒临破产的潜水公司，甚至帮助一个以“不舒适”为爆点的家具公司推广他们设计的家具。

这本书与其说是提供一些有用的设计思维技巧，不如说是提供一种可以帮助所有人如何创意的思考过程和方法。我更想与大家分享一些不可避免的阻碍，以及那些有抱负的创新思维者如何克服阻碍。这是我们每日都要面对的挑战，无论我们从事什么职业；也许你在焦虑自己没有天分，你找不到热情，在不擅长的领域寻求成功，我们无法把真心热爱的东西作为终身职业；每日会有更多事务上的责任和琐碎：太年轻或太年老，太无知或太厌倦。

这本书并不需要从头到尾去阅读。如果你的创意值降低了，或者需要寻找一些灵感来充电，那么请随意地翻开一页开始阅读吧。

本书是我们每个人都能从艺术学院学到的宝藏，但我更希望能告诉大家：创新思维不是一个专业行为，它与你的生活是息息相关的。创意不只是画一张画、写一部小说或设计一座房子，而是设计你自己，设计更好的未来，抓住生命中每一个被你错过的机会。

The Art
of
Creative Thinking

目　录

尝试，然后看会发生什么

超现实主义艺术家萨尔瓦多·达利（Salvador Dalí）曾作为神秘嘉宾出现在美国1950年代的综艺节目《明星猜猜看》（*What's My Line?*）里。在节目中，四位戴上眼罩的名人（包括专栏作家、诗人、演员等）组成的评审讨论小组要用一系列“是与不是”的问题猜出神秘嘉宾的职业。评审们提出问题，却被达利的回答给迷惑住了，因为他几乎每个问题都回答了“是”。他们问他是不是作家，他回答“是”。这不假，达利写过一本小说《隐藏之面》（*Hidden Faces*）。当问他是不是演员时，他也回答“是”，他参与舞台剧的演出。评审惊讶地说，“简直没有这人做不了的事！”

创新思维者想要去改变并塑造他周围的世界。在《明星猜猜看》里，达利可以说他是一名家具设计师，他设计的椅子和沙发“梅·韦斯特红唇”（Mae West's Lips）已经成为设计经典。作为电影人，他创作了《一条安达鲁的狗》和《黄金时代》，他还在希区柯克的电影《爱德华大夫》（*Spellbound*）中负责梦境的片段，也与沃尔特·迪士尼公司合作了动画短片《命运之约》（*Destino*）。作为一位首饰设计师，他所设计的珠宝精巧奇妙，极富动态，“忠诚的心”采用纯金打造，内部缀满钻石和红宝石的心一收一缩，仿佛一颗真正的心脏在有激情地搏动。

作为一名建筑师，他设计房屋，最著名的设计莫过于西班牙利加特港的达利之家博物馆以及西班牙菲格拉斯的达利剧院博物馆。他想有个家，于是他便建造了一个——他所能做的事无须别人来完成。他也设计舞台的布景、服装、纺织布料和香水瓶。珍宝珠棒棒糖（Chupa Chups，就是今天仍然摆在超市里的棒棒糖）公司让达利设计一个logo，他手写的红色Chupa Chups花体字和手绘的黄色的雏菊勋章标识沿用至今。他还建议公司把logo印在包装纸的最中心，这样裹住棒棒糖时商标会永远展示在顾客面前。达利本可以只把自己当作一位有名的、有钱的超现实主义艺术家，在艺术史上有一席之地，但他没有。那些听起来好玩的事情，他都要玩玩看。他的脑中没有一个原则认为什么重要、什么不重要。达利甚至创造了一个人，这个人也被称为达利的弗兰肯斯坦（Frankenstein）——阿曼达·丽儿（Amanda Lear）。他们相遇在1965年的夜店，那时她还叫佩克·德·奥斯洛（Peki d’Oslo）。达利给她起了新的名字，重新设计了她和她的传奇故事，成功地把她推向了迪斯科与文艺的闪亮舞台。

学校和社会让我们认为自己能力有限，甚至降低了我们在创意上的自信。虽然我们生来都具有想象力、直觉和智慧，但由于被训练不去使用这些能力，能力便逐渐丧失了。而我们的学校、家庭和朋友也会预估我们的能力上限。如果创意想让我们去做些什么，那么就去做吧！并不是所有达利的设计、电影与混合媒介的实验都成功，但仅这些也足够值得尊重。

现代设计师如菲利普·斯达克（Philippe Starck）、扎哈·哈迪德（Zaha Hadid）也有他们独特的视觉观。他们因设计了标志性的歌剧院、体育场和酒店而出名。但他们同时也设计汽车、自行车、台灯、首饰、椅子和船。他们发展出了自己的一套思维方法系统，这种思维方法可以应用到任何项目中去。有的时候会成功，有的时候会失败，但重要的是你要去尝试，然后看看会发生什么。

创新思维模式可以用在你所做的每件事中，也会让生活的每个方面都更加有趣。创意不是一个你可以打开或者关上的开关，而是一个你观察、感受以及回应世界的方式。创意是当你在处理文档、烹饪、排时间表、做家务时所表现出来的创新。大胆跳出你内心的舒适区，去发展一种新的、可以应用在所有挑战和项目中的思维方式。

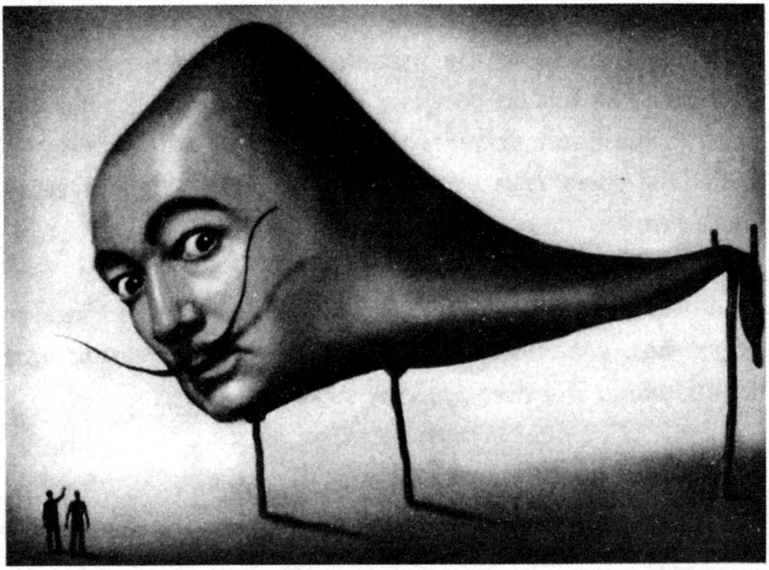

我认为任何一个称职的演员都要尽可能去表现他的多样性。

——丹尼尔·雷德克里夫（Daniel Radcliffe，演员，电影《哈利·波特》中哈利·波特的饰演者）

同　意？ 走进下一章，离开你的舒适区去冒险。

不同意？ 翻开第 177 页，去发现为什么创意和整洁无法同时在一起。

永远做个初学者

我要去做一部新的肥皂剧，而在此之前从没做过类似的事。我是一名艺术家、画家，此时的我站在30位电视媒体专家面前，他们不耐烦又有所期待地看向我。

当我接受这个工作时，并不知道我为什么而来。迪拜电视台让我开设给中央圣马丁学院的学生上的那种创意工作坊，把课程带给更多的观众。电视台安排了我去迪拜的航班，展示给我一个极其奢华的世界：在迪拜希尔顿酒店的房间、一个司机和一个管家。因为接受了他们的委托，所以我也已准备充分，不希望到了那边才发现忘了哪件重要的事。

他们租下了一个五星级酒店的会议厅当作我工作坊的场所。当我迈进门口，与制作团队见面时，经理和我说："哦，顺便说一下，我们希望你来做一个场景设定在迪拜的肥皂剧，不用开工作坊的课了。”这有如晴天霹雳，我所有的准备都废了。

我站在那个充满期待的制作团队面前。房间里珠光宝气，镶金的桌布，雕花的椅子，四处都是高科技屏幕。我瞬间觉得不适。我习惯了在艺术工作室里满墙的颜料点子、破旧的地板和那种允许犯错的自由空间。我花了一些时间简单介绍了自己；其实是为了拖延时间，去想接下来要怎么做。诚然他们是花了大价钱的，可我知道自己无法在这个空间里制作出任何有创意的东西，我得去改变。我让酒店服务员移走房间内所有的桌子椅子，不希望屋里任何人舒适地坐着。房间空着我感觉会好一些，这就像对于艺术家来说空白的画布一样。这屋里的所有人看起来都有些不悦。

这家电视台想不出新的肥皂剧方案，他们的点子无聊透顶，都能被猜到。电视台希望我去让他们的点子复活。而我认为与其花时间去拯救不如去想新的，在纸上重新写想法还更容易。我显然是气到他们了。

整个团队包括编剧、摄影师、制作组、音效师、布景设计、服装设计，大家都在无意中扼杀创意：“我做这行已经很多年了，我是专家。我一直被训练如何做好这件事，我完全知道我在做什么。”他们想用惯有的方法去做事情。我知道在他们解放思想、接纳新的方法之前，事情无法继续。

我让他们交换各自的工作：摄影师去写剧本概念，服装设计师去创作角色，音效师来想场景。他们看起来更生气了。

我需要说服他们去试试看。他们也在某刻突然放开，决定这么来一次。因为没有太高的期待，便也不再害怕失败。因为所做的事情并不是他们一贯训练的，他们也就不那么在乎自己之前的名声。他们解放自我，即兴创作，玩嗨了，那些新鲜的、原始的点子喷涌而出。我们一起创意出了新的剧本和有趣的人物、不同寻常的设置和全新的故事线索。他们想要找演员排练剧本并且开始“正式”的拍摄。我说这就是他们平时所做的事情，不如我们先拍一集样片，让非专业的工作人员来演。于是在我们拍摄时，拍到了许多有趣的想法和不寻常的即兴。

当我回到英国之后，他们把最初的想法再次深化，这个肥皂剧上线了。它对迪拜来说是独一无二的，整个过程决定了最终的结果。

善用“零经验”。一个初学者总有着最新鲜的视角。他们的外行和不专业却让他们拥有新的思维：愿意去尝试任何事。他们不知道事情“应该”是怎样做的，也尚未形成一个既定的工作模式。对他们来说没有“错”的事情，因为他们不知道什么是“对”的。

需要避免去成为一个专家、专业人士或权威。专家经常会借鉴过去的经验，一直重复以往所做的事情。他们的知识已经成为一种例行公事和枷锁。更进一步说，专家所宣称的多年经验，其实只是一年的经验去一再重复许多年。他们视新的方法为对专业度的威胁，想要去消灭它们。

为了给自己或公司带来生气，花一天时间去想想什么是有价值的，而不是你“应该要”继续做什么。交换工作岗位会让公司拥有更具创意的氛围。不要去重复你已经知道的事，坚持寻找新的方法去做熟悉的事。不要用平常的方法来做，要不同寻常。

> 在知道如何去做之前，我已经做完了。因此我必须常去做那些我不知道如何去做的事。
>
> ——艾德瓦尔多·奇立达
>
> （Eduardo Chillida，西班牙雕塑大师）

有灵感? 翻开第 78 页，发现那位自学成才的建筑师。

没有灵感? 翻开第 201 页，模仿你的偶像。

米开朗基罗的天赋来自哪里?

对创意天才的狂热崇拜来自艺术界的第一位巨星：米开朗基罗（Michelangelo）。1550年，他的传记作者、公关大师瓦莎里（Vasari）发表了“天赐的米开朗基罗”言论。“他的天分是上帝的恩赐，”瓦莎里说，“上帝只把这样的能力给予少数几个被选中的优越的人。”他鼓励少数精英主义，却在压低创意的能量。

瓦莎里并没有说米开朗基罗有着庞大的工作团队。他的档案里记载了他给那群能力超群、协助他一起完成罗马西斯廷教堂圆顶的助手们所付的工钱。这也说明如此大体量的工作对于一个人来说是不可能独自完成的。他的工作如同当代的电影导演弗朗西斯·福特·科波拉（Francis Ford Coppola）一样。他可以指挥手下的技术人员去完成一个巨大的、基于他审美体系下的项目——

这成就巨大，但并不代表他有超人的能力。“教父”三部曲的成功，被认为是科波拉的审美体现，以及马兰·白龙度（Marlon Brando）和所有演员的出色表演，但如果把服装设计、剧本、灯光、剪辑及其他属于电影的一切都归功于导演，那就错了。

米开朗基罗无疑是世界上最伟大的天才之一，但他的天才并不来源于天赐的天分，而来自密集刻苦的训练。他从小被凿石匠带大，在6岁时便可以从大块石头中切凿出石砖。在12岁时，他已有上千小时石刻的经验。在14岁时，他成为一家艺术家工作室的学徒。这种训练的强度和量在今天是不可能的，事实上，这是违法的！

历史上的大师可以给我们足够多的灵感，但我们无法去模仿他们的能力和技巧。我们需要去发现探索自己的强项。每当我开设创意工作坊课程时，我会让所有人——会计师、管理者、技术人员，所有在场的人，而不只是“创意人员”——一同参与。每当工作坊结束时，“不干创意的人”总会被他们自己的创意所惊到。他们以前都以为自己没有这样的能力而缺乏自信。事实上“创新思维”可以训练，就像肌肉通过锻炼可以更强壮。我经常准备5～10分钟的练习，如同运动员需要一些短时间的有氧训练来保持状态一样。

你是不是经常听到“画画又不能当饭吃”“我是音痴”这样的话？“天赋异禀”的概念在侵蚀我们的自信心。很多人没有去训练天赋，因为他们被认为生来并没有成为专业人士的能力。

“才能”经常和“天赋异禀”相混淆，也有许多人搞混了“才能”和“技能”。一个现代的创意人无须达到技术上的精通或者完美，更多在于交流内容和想法，以及寻找合适的媒介。想象工程师能够在石头中做出一个火箭，一个画家可以用血画画，一位竖琴演奏家可以用晾衣绳弹奏。无论最终的呈现是什么，无论我们认为自己是否天生就具备这样的能力，我们的目的都是去开发自己的创意潜能。

每个人的才能并不相同，所以你要去发现你自己的，并使用这些才能。

——弗兰克·盖里

（Frank Gehry，美国建筑设计师）

被说服了？ 去第 23 页，看看披头士四人组能告诉你什么关于天分与努力的故事。

没被说服？ 翻开第 204 页，看看毕加索能否说服你。

成为你的媒介的媒介

哥伦比亚号航天飞机在返航时解体坠毁，7名机组成员全部遇难，仅仅是因为PPT页面设计得太烂？在坠毁的前几天，也就是发射后不久，曾从燃料箱外脱落掉过一块泡沫碎块。美国宇航局（NASA）的工程师第一时间把信息提交给上级，这块泡沫比他们之前测试过的泡沫要大上百倍，足够引发严重事故。不幸的是他们的警告并没有在PPT里重点提及。上级听过报告后认为一切都没事。

那些视觉上引人注目的报告会讲故事，让读者激动，让信息美化、娱乐化、有意义。而NASA却忽略了本该重要的问题——它被隐藏在了一张张满是项目符号的页面中。耶鲁大学的爱德华·塔夫特教授（Edward Tufte）对这个报告的视觉信息进行了研究，指出这个事件的发生，是因为PowerPoint的设置是在鼓励用它的设计去掩盖掉坏想法。他批判PowerPoint的形式：把复杂的信息压缩到一个个项目符号下面。如果用另一种媒介来展示，这个灾难就很有可能避免。一个独立理事在看完塔夫特教授的研究后也得出了相同的结论："很容易就能理解，一个高层看完那样的PPT并不会意识到这是多么危及生命的状况。"

你所工作的地方无论是超市、办公室、工作室还是建筑工地，都会让你用特定的方法去做事和思考。你对此越有意识，就越能理解自己的媒介，也越可以把它当作优势。一个关于财政的会议不是关于财政，而是关于会议：是它们的模式、内部策略、层级、管理方法。一个会议的最常结论是再开一个会议，这根本不算结论。

艺术家们，尤其是超现实主义艺术家很早就同意这样的想法。雷内·马格利特（René Magritte）的绘画作品探讨了绘画与图像的关系。他超现实主义的想法依然影响我们对于媒介转化为信息的理解。他没有去再现他所观察到的艺术，他的作品反映出的是一幅画能对观者有什么样的影响。他让他的观众去质疑所看到的幻象。

马格利特的作品《形象的叛逆》（*The Treachery of Images*）画着一个烟斗，在下面用法语写着"这不是一个烟斗"。第一眼看上去好像是矛盾的，但其实说得没错：这不是一个烟斗，这只是烟斗的图像。玛格利特指出了绘画即幻象。他想要去理解绘画的语言，绘画如何去传达观点，并去挑战观者对于艺术形式的感官认知。一幅花的画像与花无关，而与绘画的媒介有关：传统、历史、边框、展览馆和观众的期待。

马格利特那样的艺术家把他们的媒介作为视觉诗歌，用视觉诗歌传达信息，更便于记忆，也更容易被理解。它不像其他那些出现在海报、电视、报纸和网络上让我们眩晕的信息。我们都用惯了看惯了PPT，满屏的项目符号其实像一颗颗朝我们开枪的子弹。子弹是能杀人的。

很多人都是不理解媒介的被动消费者。在电影院里，人们享受创造出来的幻象。对于一个创新思维者来说，娱乐正在重建我们所看到的景象，他们在思考如何能让电影更不同。把最后一个画面和电影的第一个画面颠倒过来会如何？如果主角和配角交换角色会如何？如果是默片会怎样？想象每个元素的调整都可以带来创造性思维。想要在任何一个行业做好，你都需要对它有更深的理解。

> 新媒体不是人与自然的桥梁：人就是自然。
>
> ——马歇尔·麦克卢汉
>
> （Marshall McLuhan，哲学家/传媒界泰斗）

还不是自己的媒介？ 翻开第58页，看看如何由内而外，成为自己的主体。

别成为别人

“为了无可替代，你必须不同。”法国的怪才先锋设计师可可·香奈儿（Coco Chanel）说。从她事业的最开始，香奈儿便无视传统。她不喜欢女人为了看起来时尚而被迫穿得不舒适。她不喜欢紧身胸衣，所以用更加随意、简约又舒适的款式来取代。她被时尚媒体疯狂抨击，却非常坚定地宣称：“奢华必须是舒适的，否则就不是奢华。”香奈儿的新美学视角让她成为了时尚史上最重要的人物。在20世纪20—30年代，她广泛推广时尚运动系列，香奈儿的小黑裙和经典款的套裙——这些跨越时间的设计在今日仍然流行。人们嘲笑她的穿着，但这却成为她成功的秘密：看起来和其他人不一样。“最勇敢的行为是始终保持独立思考，并勇于表达。”她说。她第一次成功来自一个寒冷的冬日把旧球衣改造成针织裙，很多人都问她是从哪里买的，“我可以为你做一件。”她答道，“我的一切来自我穿的那件旧球衣，因为戴维尔实在太冷了。”她的作品闪耀着自我反抗的光芒，她要做她自己。

像香奈儿一样，你需要去表达你的与众不同。没人拥有你的童年和少年，没人经历你的求学故事，更没人有像你父母那样的爸妈。

每个人都在寻找原点。讽刺的是，原点就在我们身上，但大多数人都忙于做别人。创新人士准备好了做自己。他们善于运用自己的所有成功与糟糕的经历。做自己的优势在于他们是最原

始真实的，没人和自己一样——这让他们所做的任何事情都独一无二。

艺术家翠西·艾敏（Tracey Emin）常以个人经历为主题，打破了社会本我和个人真我之间的界限。她诗意的艺术作品中有许多人们不会在公共场所展示的私人亲密物件：那张真实的、有污渍床单的床，他叔叔在经历车祸时手中攥着的一包香烟，一顶写满和她有过亲密关系的人的姓名的帐篷。她是如此坚定地做她自己。

我们花了太长的时间去成为那个不真实的自己。在我们肩上有巨大的压力，我们要为其他人的期待而活——成为完美的父母，忠诚的员工，无私的伴侣，或者具有伟大成就的儿女。我们失去了成为自己的能力，我们忘记了自己是谁。这个世界正在把你淹没在传统的海洋中，让你无法和他人区分。去抗争，则需要你斗争终身。

要想成为成功的创新人士，你需要认识到做自己是可以的。我们都有弱点和长处，创意接受这些，并可以很好地使用二者。对你的公司、学校、事业或家庭来说，能够表现出独特之处是你最大的优势。对社会来说这有些困难，因为社会强调整体的一致性。

每个人都需要知道什么能够激发自己，就像拆开一个钟表去研究它的工作原理。拥有自知之明会让你知道自己拥有什么和能给予什么。问问自己，有过的最棒的点子是什么？这些点子从何而来？你最有创意的时候是何时？训练个人方法，发展你的个性。成为最好的自己，比成为一个他人的影子要重要得多。

> 不成为其他人，做这个世界上唯一的你是最好的一件事。成为他人意味着你要去做世上最困难的战斗，穷极一生无止境的战斗。
>
> ——E.E. 卡明斯（E.E.Cummings，美国诗人 / 作家 / 画家 / 编剧）

更 多? 翻开第 153 页，为何詹姆斯 · 乔伊斯可以通过沉溺而救赎自己，而他的女儿（第 169 页）却不可以。

做个“创造者”

罗伯特·德尼罗（Robert De Niro）跟其他演员一样，参加过很多次面试。他很快意识到等其他人给机会不是个好主意，他需要自己去创造。他发现一本由彼得·萨瓦奇（Peter Savage）和约瑟夫·卡特（Joseph Carter）写的有趣的书：《愤怒的公牛》（*Raging Bull*），他认为能改编成电影，并由他来担任男主角。于是他把这个想法推介给所有认识的人。故事讲述的是一个名叫杰克·拉莫塔（Jake LaMotta）的拳击手的一生。德尼罗成功说服了一个电影制片为改编这部电影投资。制片人只有一个条件：找到马丁·斯科塞斯（Martin Scorsese）担任导演。斯科塞斯并不感兴趣，他对拳击毫无兴趣，而且他认为拉莫塔不是一个典型的拳击手，他一直都在挨打。经过德尼罗长达数周的反复游说，斯科塞斯被拉莫塔内心的小恶魔所打动，同意了。电影开始了拍摄。德尼罗饰演拉莫塔的报酬是60英镑，但他投入了全部心力。《愤怒的公牛》成为历史上最受美誉的影片之一，德尼罗也因此赢得了奥斯卡最佳男主角。

去创造任何有价值的东西，你必须具有前瞻性，使之发生，而不是坐在那里等。很多人一生都在浑浑噩噩中度过，从来不问自己在做什么，为什么做，也不问这对他们来说重不重要。他们吸收来自他们文化、父母和朋友的价值观，不去质疑，直接接受。

我工作坊的参与者之一是对莎士比亚有强烈兴趣的一名演员。他参加过很多次面试却从未得到过角色。我了解他的困境，他需要得到剧场导演的认可，通过面试。为什么不做自己的导演呢？我建议他。做你自己的戏，没有钱支付其他的演员？那就全都自己演。没有钱做道具？用纸箱自己做。他成立了“一人莎士比亚团”。他演出《哈姆雷特》，饰演其中所有的角色。他的戏是如此特别、惊人和意外。他获得了巨大的成功，受邀在百老汇演出。但他拒绝了，为什么要再次受惠于他人的决定呢？

这个原理可以应用在所有人身上。在你工作的地方，不同部门间的交流可以更好吗？那就做个解决方案吧。你想成为一个作家吗？别坐在那里等你伟大的灵感降临，开始写吧。

如果我们所做的事情创造了意义，我们便感觉活着。在创意的驱动下，把我们全部的能量和时间留给我们认为真正有意义的事上。

> 有意义的小事，比没意义的大事还要伟大。
>
> ——卡尔·荣格
>
> （Carl Jung，瑞士心理学家）

同 意? 回到第 1 页，看看达利是怎么做事的。

不同意? 翻开第 184 页，看看为什么钱和世界上其他的一切一样重要。

天才的努力

我从来没受过这种惊吓。7岁的我根本不知道发生了什么，紧缩在阿姨的夹克衫里，害怕被那群大声哭喊的女孩们带走。她们的尖叫声震耳欲聋，很难描述听起来有多么歇斯底里。有女孩晕倒了，医护人员出来扶住她软弱无力的身体，情景就像在中世纪的角斗场一样。我被挤在了千人组成的人墙后面。大家眼里噙满泪水，面部扭曲在一起。

当披头士走出飞机的那刻，大家变得更疯狂了。那是1964年在希思罗机场工作的阿姨带我去迎接披头士四人组在美国演出后回到英国的场景。

披头士在《埃德·沙利文秀》(*Ed Sullivan Show*)上的演出成为美国流行文化的里程碑。那场节目有730万名观众同时观看，惊人的数字打破了史上的观看纪录。

对美国来说，披头士一夜成名，但事实上列侬（Lennon）和麦卡特尼（McCartney）从1957年起便开始在一起演奏。他们在汉堡的酒吧里，每天8个小时都在不间断地演出直至凌晨2点，一周七天。他们要非常卖力地工作，才能在汉堡那么多酒吧中吸引到观众。而伴随着不断练习，能力和信心也逐渐增强。截止到1964年，他们已经练习了大约1 200次，上千小时，比很多摇滚乐队一生演奏的曲目还要多。在演出过程中，披头士成立。他们热爱练习，不去演奏传统的摇滚乐曲，不像其他乐队一样，为了模仿原唱而反复演练。他们实验、即兴、润色，直至形成了自己的标准。他们知道从机械的重复中什么也学不到。披头士成员会一直给对方反馈，让大家听起来更像披头士而不是像其他人。

在最开始，披头士并不是伟大的音乐家，有比他们更优秀、技术上更成熟的吉他手、主唱和鼓手［约翰·列侬有次被问到林格（Ringo）是不是世上最好的鼓手，他开玩笑地回答说，“林格甚至不是披头士最好的鼓手。”］。在《埃德·沙利文秀》上，来自利物浦后街的四个男孩没有流露出一点紧张的痕迹。他们的自信源自多年来在一起的排练和痛苦的进步过程。

成功的创意人士和那些失败者99%的区别来自是否愿意追求自我进步。我们成功过程中很多的时间和努力都用在了提高作

品、扩大能力上。如果有人比你更成功，那么很可能他们在自我发展上比你更努力。练习很重要，但必须是好的练习。坏的练习是不用脑的重复和对完美的较真。好的练习是把时间投入到创新与进步上。当马蒂斯（Matisse）在用同一个女模特创作一幅又一幅画作时，他没有去追求画得更加精确：他在努力让自己更有创造性。

披头士把他们的天分投入在了最具想象力的练习过程中，以提升能力。付出必有回报。有天分的懒人是创作不出大师级作品的。那些足够有钱再也不用工作的人，是因为他们一直没有停止工作。

> 一个天才！我练习了37年，每天14小时，现在他们叫我天才！
>
> ——帕布罗·德·萨拉萨蒂（Pablo de Sarasate，西班牙小提琴家/作曲家，代表作品为小提琴独奏曲《流浪者之歌》《卡门幻想曲》等）

翻开第 145 页，看看两位最有才华的音乐家如何克服难以想象的挑战。或者去第 191 页，学习贝多芬如何面对失望。

对悲观保持乐观

罗伊·利希滕斯坦（Roy Lichtenstein）在20世纪50年代因极具风格化的抽象表现主义画作而出名。他创作那些大体量、满是墨点和网点的画作，成为时代的标志。他的画作被大家敬重，展览成功，评论界也待他不薄。他顺应潮流，悠然自得。

在1961年，他一夜间改变了方向，开始摒弃抽象，转而从漫画书中拷贝插画，创作大型画作。他的新作品边缘清晰硬朗，粗暴，扁平，并且从放大的画作中拷贝，不再表现主义。一切的原因是他的小儿子指着漫画书上的米老鼠挑衅说，“老爹，我赌你画得不会有他好。”所以利希滕斯坦把其中一幅插画放大，直接拷贝到了大油画布上。

利希滕斯坦的朋友非常不悦。这是他们与波普艺术的第一次碰撞，在此前从没见过这样的东西，与惯常画的浓烈抽象表现主义完全相反。漫画书样的画对他们来说是视觉垃圾，毫无价值，是对美国这种糟糕商业化的象征与嘲讽。

这是利希滕斯坦作品所受到的最极端的负面评论。他意识到需要有一个有力的回应，哪怕消极，也好过尊重的沉默。他开始制作更多的漫画作品，展览它们，被评论家野蛮批判。利希滕斯坦再次回应，又被负面反响淹没。突然在某一天，他经典的波普艺术作品、漫画书风格的画作在年轻一代的艺术圈得到强烈共鸣。他也因此在艺术史上占有一席之地。

如果他人对你所做的东西有强烈的反馈，即便是负面的，回应也是积极的。这可比你做出的东西没有任何回应好多了。文化和艺术史上对新的作品和新的想法永远持负面态度，公众的厌恶可以被看作是一种认可。成为一名成功人士，你需要捡起别人丢给你的板砖，打造你坚实的基础。

> 只有不被谈论是比被谈论更糟糕的事。
>
> ——王尔德（Oscar Wilde，爱尔兰作家/诗人）

被说服了？ 翻开第 70 页，见识一下那位永不言弃的发明家戴森。

没被说服？ 翻开第 145 页，见见这对吉他手组合，他俩一个失去了记忆，一个失去了手指，却把自己的劣势变成了优势。

无用之用

火星人榨汁器（Juicy Salif）是一款无用的柠檬榨汁器。当然它是一款获得巨大成功的经典设计。为什么？整个设计是三条腿所支撑的水滴形机身，机身镀有经常与现代和航空相联系的金属——铝。这款设计如此具有识别度，进而流行的原因是它灌输了设计师菲利浦·斯达克（Philippe Starck）的个性灵魂与设计癖好。这个作品在纽约当代艺术博物馆（MoMA）展出时，已不仅是一个设计，更是一件艺术品。

斯达克在设计这款火星人榨汁器时正在餐厅里吃墨鱼。当他把柠檬汁挤在墨鱼上时，在想墨鱼的形状能否作为柠檬榨汁器的原型，他拿着一张餐巾纸就画起了草图（这张餐巾纸正在米兰阿莱西博物馆展出）。

创新思维者关心自己的作品，因为作品中充满了他们所在意的事情。当斯达克还是个孩子时，他酷爱科幻漫画，花了许多时间画太空飞船。他的父亲是飞机设计师，斯达克为那种铝物件的金属光泽深深着迷。他另一个着迷的东西是动物与植物的形状。他把这些独立的影响都放到了这款柠檬榨汁机的设计里，结果非常成功，因为它极具个人化情感。他并没有让厨师去测试原型，为他们的需求而设计，他只做他想做的。火星人榨汁器能成功的原因之一就是它的无用。它腿长，稳定性不足，柠檬汁从腿上流下，它的脚尖会刮花厨房的工作台面。你也许想这会让它的名声变差，但是没有，这让它变得更有名。它的高识别度让公众接受它所传达的“形式大于功能”的理念。事实上它的不可用性成为它独特的卖点。

这些天才的发明创新是被热情所驱动，而不是理性的野心。新的点子起源于个人兴趣，即便看起来与正在做的项目毫不相干。创新需要人们把功用化的考量放在一边，因为去想逻辑会导致理性的思考，也会造成大脑无法拥有独特的思考。

与“功能先于形式”的传统想法相悖的另一个设计是“好脾气椅”（well tempered chair），由罗恩·阿拉德（Ron Arad）所创作的经典设计。它会让使用者有脾气，因为这把由一张铁板构成的椅子坐起来实在太不舒服了。声名狼藉的服装设计师亚历山大·麦昆（Alexander McQueen）设计了那些无法穿的鞋和无法穿的衣服。建筑师伦佐·皮亚诺（Renzo Piano）和理查德·罗杰斯（Richard Rogers）设计了巴黎蓬皮杜中心。功能性的设备如扶梯、直梯、排水系统、管道、排气孔、电线都设计在了室外，为内部的展览空间留出足够的位置。他们这种未来感的设计因为需要不断地重新粉刷，增加了大量维护费支出。创新思维者把他们全部的热爱倾注到了作品中，不去想实际功能。

去实现一个想法，你需要平衡表现力与完美度、生命力与成品感、动态与静态、形式与功能。在想实际功用之前先保留你的个性，个人风格应无处不在。消除那些不实用元素的同时，也消除了它的独特性。

> 这与生俱来。他们不是最有天分的，他们只是无法脱离自己小宇宙的一群。
>
> ——哈罗德·布朗
>
> （Harold Brown，美国前国防部长）

翻开第 66 页，认识世界上最出名的不完美主义者。

不要想别人所想

天文学家苏布拉马尼扬·钱德拉塞卡（Subrahmanyan Chandrasekhar）对自己的专业有狂热的偏执，可他的想法实在太奇怪了，以至于其他科学家多年来都不能接受他。他长期在不被理解中工作，对星体结构的革命性发现奠定了黑洞理论的基础。他的影响却不止于此。

在芝加哥大学，钱德拉塞卡开设了一门天文学课程，授课地点在离主校区80英里的天文观察塔。他对这门课非常期待，但报名的学生却只有两个。教师们都以自己的课程报名人数多和出勤率高为傲，这令人尴尬的数字成为钱德拉塞卡同事们的笑柄。钱德拉塞卡理应把这门课取消，因为他为了这两名学生要在乡间土路上来回驾驶160英里。但他并没有，因为他爱这门课和这个班。

他和他的学生们在课上互相激发灵感，大家对研究全情投入，被想法所带来的愉悦驱动，因为找到描述现实的新方法、新的观察视角而获得巨大满足。这是天文教育史上最小的一个班，最被嘲笑奚落的一个班。

几年之后这两名学生都获得了诺贝尔物理学奖。不久之后钱德拉塞卡也获得了诺贝尔奖，同样是物理学。他们笑到了最后，成为大学教育中最成功的一个班，班里每个人都获得了诺贝尔奖。

不要受其他人的观点影响：集中在那些极度吸引你的、让你有启发的事物上面。最令人兴奋的经历是那些在头脑中产生、由信息所触发、挑战我们思维的经历。如果无趣，那么根本不值得去做。如果一个主题让你而不是其他人感到兴奋，就说明你对它非常有兴趣。能产生新想法的革命性思想者被兴趣所驱动，并不是任何人都会有这样的兴趣。

> 我向上帝发誓，如果我是钢琴演奏家或者演员或者其他的什么，即便所有的家伙都认为我棒极了，我仍会很讨厌自己。我甚至不希望他们为我鼓掌。人们总是会为错的事情鼓掌。
>
> ——杰罗姆·大卫·塞林格
>
> （J.D.Salinger，美国作家，《麦田里的守望者》作者）

不同意? 去下一章，很多人认为你比你想象中的更有用。

同　意? 翻开第115页，认识一下艾德·伍德，那个狂热的、因太差而获奖的电影人。

对感知力的感知

19世纪伟大的工程师伊桑巴德·金德姆·布鲁内尔（Isambard Kingdom Brunel）的贡献在于主持修建了大西方铁路、系列蒸汽轮船和众多的重要桥梁，他也革命性地推动了公共交通、现代工程等领域的发展。可他最具创新的工程却是他的一张摄影照片。布鲁内尔在与将下水的“大东方号”的合照中，显得既放松又自信。虽然看起来像是一个休息时的抓拍，背后却是充满血泪的复杂图像处理。

这个经典的“抓拍”其实用了好几天来拍摄。其他未被选中的照片虽然姿态优美，但是布鲁内尔看起来要不显得犹豫，要不秃发，要不太传统，要不看起来和后面的大铁链不和谐，只有这张照片感觉对了。

摄影师和布鲁内尔都在寻找最理想的图片。在1850年时，抓拍还不太可能，拍摄外景是个极度费时费力的行为。它需要搬运大量的设备，包括移动暗房和一大柜子有毒的化学试剂。当时还有许多紧急的项目需要布鲁内尔，可他无视那些，因为他理解摄影的重要性。布鲁内尔知道一张照片会直接影响公众对他的认识和了解，然后才是他的作品。

摄影师在接下来的几天拍了许多照片，终于拍出一张完美的影像，也符合公众的期望。摄影师知道摄影的目的不是去做现实的再现，而是去建立同样状态下的新现实。

当我们看到布鲁内尔的工程时，很难不去想起那张摄影和他看起来天才的样子。布鲁内尔在历史上拥有的地位得益于他的工程，更少不了那张摄影。

你需要去注意你的观众是如何接受、理解事物。尊重他人所营造出的气场，观察其他人的反应。如果需要观众去严肃地对待你的作品，首先要让他们严肃地对待你。去告诉人们你作品的价值，你要先告诉他们你的价值。

> 我们可以通过控制感知力去控制我们的生活。
>
> ——布鲁斯·立普顿
>
> （Bruce Lipton，知名细胞生物学家）

不想去改进你的形象？ 去第 210 页做一个无名氏，或者去第 249 页看看怎么尽可能讨人厌。

永远存疑

理查德·费曼（Richard Feynman）对传统数学存疑。这可是巨大的怀疑。他建立了一种新的数学，叫作费曼图表（技术上来说是一种新的代数学）。这个获得诺贝尔奖的美国人最为人所知的便是量子力学及粒子物理学。当我们想到费曼，我们首先想到“质疑”：他对于用传统数学来阐述新亚原子世界的能力表示怀疑，因此发明了一种现被广泛应用的新数学。人们曾经试图用旧的数学描述新的世界，但是失败了。费曼发现如果我们不去质疑，人类就不会有新的想法出现，他坚信没有任何事是绝对的。

西方文化中最重要的一点便是可以自由地去质疑。质疑应当在所有的组织和公司中推广。很多人害怕质疑产生的后果，其实质疑是通向新可能性的一扇门；不确定的心态会让你有机会去改善现有的状况。如果我们认为可以从专家、家长和权威机构那里获得所有的知识，而不去质疑或者亲自测试的话，就太可笑了。

并不只有像费曼那样颠覆了我们对粒子物理学理解的人，才因质疑而成功。亨利·福特的T型车自1908年第一次出现，便占据了汽车市场的极大份额。他质疑用传统方式制造汽车所花费的时间，于是他发明了制造的流水线，这样汽车可以用最好的材料以最低的成本进行组装。他同时质疑因为提供太多种颜色选择，所以成本过高，他的名言是："顾客可以选择他想要的任何一种颜色，只要它是黑色。"

在经历了数年的创新之后，福特开始自满，不再质疑。他坚信T型车可以满足每个人的需要。从1920年开始，顾客和竞争者们开始质疑了——为什么他们不能拥有新颜色的新车？福特几近摧毁了自己的公司。他的儿子艾德森（Edsel）因为质疑他父亲的战略而救了这家公司，福特公司得以顺利渡过转型期。

质疑，是解锁新点子的钥匙。爱因斯坦质疑牛顿，毕加索质疑米开朗基罗，贝多芬质疑莫扎特，这也是为何他们能推动世界的发展。如果爱因斯坦认为牛顿都是对的，那么就不会有相对论；如果毕加索认可了米开朗基罗的世界观，就不会诞生立体主义。对任何人都要有质疑的态度，要去了解你所不知道的事。认可一件事是最简单的，因为这不会让我们感到不适，就像我们头脑中吃的快餐一样，最容易快速地获得答案，以填饱我们的饥饿。与认可相反，质疑是对个人成长的一个巨大刺激。保持无知，去质疑，去提问，去犯错，去失败。这是学习、成长、进步、向前的最好且唯一的路。

质疑这本书，质疑所有你的已知。从老师和专家那里获取知识固然重要，但同时记得保持质疑的态度。科学与艺术的力量源自质疑。在过去500年中所获得的成就都源自质疑。因为质疑，我们开始调查，因为调查，我们发现了新的想法。对所有人、所有事，随时保持质疑——尤其对你自己。

> 质疑不是一个愉悦的状态。但深信不疑却是荒谬的。
>
> ——伏尔泰
>
> （法国启蒙思想家/作家/哲学家）

仍然对自己深信不疑？ 下一章会治愈你。

信心不足

你是否信心不足，觉得自己不如其他人有天分？很好，信心不足是让自己变得更好的驱动力。自满的人通常做不出最好的作品，他们太过沾沾自喜，松懈而自满。

在这些年与创意人士的接触和研究中，我认识到“自我怀疑”是一个重要动力。当我还是皇家艺术学院的学生时，很多有名的大师比如雷德利·斯科特（Ridley Scott）、亨利·摩尔（Henry Moore）和丹尼斯·霍珀（Dennis Hopper）经常来学校探寻新的趋势。我惊讶于他们的谦逊。我记得所有同学都被大卫·鲍伊（David Bowie）这个巨星所惊到，他是如此缺乏安全感，他认为我们才是“真正的”艺术家，而他自己无足轻重。这些创意的脑袋经常会自我怀疑，但他们把这转换为了一种驱动力，一个可以推动他们向前，而非阻挠他们的动力。因为觉得不自信，而更要证明自己，去把事情做到最好。自我怀疑和热情是一对有力的组合。最优秀的艺术家遭受着最大的自我怀疑。很多成功的创意人士、企业家、名人、艺术家和作家，无论取得了多大的成就，都极度不自信。

“有的时候当我醒来准备去拍摄时，我在想，我做不到。我这个骗子，他们会炒了我的。我糟糕透了，我又丑，又胖……”演员凯特·温斯莱特（Kate Winslet）说，她是史上获得六次奥斯卡提名的最年轻的演员，又因电影《朗读者》而获得奥斯卡最佳女主角奖。这种性格会让你对自己和作品有更严格的要求，是自我怀疑的一个特质。让自己有高标准是值得的。

约翰·列侬虽然看起来自信，却令人惊讶地缺乏安全感。列侬在披头士乐队爆红之后写了歌曲《Help！》以表达内心的迷惑：“我胖，我失落，我大喊救命。”这是列侬第一次透露出不安和自我防卫。他的一生，即便拥有无数的披头士粉丝，即便他们的专辑、单曲、演出、电视节目打破了一个又一个的历史纪录，他仍然对自我充满怀疑。这成为促使他越来越好的动力。

很多成功的创意人士一直担心被发现其实没那么聪明，能力没那么强，他们活在这种恐慌之中，甚至期待会被专门审查天分的警察带走。他们珍惜成功路上获得的每一点成就，认为这来自幸运——这也是他们为何如此努力，需要这样的心态获得伟大成就。自我怀疑让他们非凡。没有自我怀疑的话，他们不会对自己有更高的标准。对失败的恐惧是让创意不断前行的动力。

> 我不信任何人怀疑过我对自己的作品和自己有多么不确定，他们也不知道自我怀疑和他人的怀疑带给我多大的恐惧。
>
> ——田纳西·威廉斯
>
> （Tennessee Williams，美国戏剧家）

更 多？ 翻开第 130 页，如果你喜欢质疑，你也会喜欢无知。
更 少？ 翻开第 78 页，如果你已经对自己足够怀疑，试试。

从自然中汲取灵感

大自然中，鸟巢结构的力与美太惊人了，这样的结构能否用在人类世界里？建筑师赫尔佐格（Herzog）和皮埃尔·德梅隆（Pierre de Meuron）建造出近年来最壮丽的一座建筑回应了这个问题。那就是“鸟巢”体育馆，2008年北京奥运会的中心场馆。这座建筑的外立面由上千条金属细枝构成，灰色矿物般的钢网以透明膜覆盖，形成了透明隔窗，如同一个由泥土、羽毛和苔藓构成的真实鸟巢。透明窗防风防雨，但通过漫反射让阳光照进，滋养草地。网状结构中的空隙让空间得以自然通风，风穿过中央大厅，从屋顶的开口中出风。

这座体育馆已然成为全球地标。它震撼的美与精细的外壳建筑结构，让世界赞赏中国在创新和困难面前持有的勇敢态度。更令人吃惊的是，它辐射型的结构让现代主义不再是一种权威。

无论你身在什么行业，大自然永远能给你新的视角。自然因其必要性而发生，是完美的问题解决者。动物、植物和微生物都是技能高超的发明家和工程师。通过38亿年的进化，自然已经知道要如何做，更重要的是，怎么才能维持更久。那些花了自然成千上万年得到的解决方法，我们只需要几分钟便可以获得。

创新者受自然的启发绝不仅是表面看到的图案和结构——举例来说，如何被蜻蜓的形状启发？这是一些大型公司和伟大发明家的工作方法。创新思维者不是直接从大自然窃取结果，而是向大自然学习。他们学习大自然最好的想法，模仿它以解决多样化的问题。

耐克设计师在俄勒冈动物园观察山羊之后，研发了Goatek Traction，一双适合全路面的运动鞋。在加拿大旅行的克拉伦斯·伯宰（Clarence Birdseye）吃了一些自然冰冻在雪中而后解冻的鱼后，利用当地人的天然想法，研发了冰冻产业链。瑞聂·雷奈克博士（René Laennec）在看到一个孩子用耳朵听一根长长的中空木棍以使对面的声音放大后发明了听诊器。特纳（Turner）在惊涛骇浪的暴风雨中，把自己捆在汽船的船桅上，为了观察自然以在他的绘画中捕捉精粹。约恩·伍重（Jϕrn Utzon）为悉尼歌剧院所设计的标志性建筑，灵感源自他午餐吃的切开的橙子：如果把建筑里的14块贝壳拼合在一起，会成为一个完美的椭圆体。乔治·德·迈斯德欧（George de Mestral）在山间散步，一些野莓的芒刺粘在他身上。他发现野莓上有大量的小钩，这些小钩紧紧抓住了他的衣服，他模仿制作出一种人工材料，由此发明了维可牢尼龙搭扣。日本新干线子弹头列车的形状来源于翠鸟符合空气动力学原理的鸟喙。盘根错节的常春藤以悬重曲线垂吊的形式启发了悬索桥的设计。许多作曲家都以鸟的歌唱音作为灵感：以梅西安（Olivier Messiaen）为代表，还有贝多芬、亨德尔（Handel）、马勒（Mahler）、狄里雅斯（Delius）。

无论你所处的行业是什么，自然总会提供和你专业相关的营养。去探索那些动物、植物和矿物质，它们教会了你什么？不要把自然当作材料供应源，而是当作创意和灵感的藏宝库。

> 没有比自然更好的设计了。
>
> ——亚历山大·麦昆（服装设计鬼才）

想要受自然的启发，又想要不寻常？

翻开第 30 页。

对超出自然的界限感兴趣？

翻开第 127 页，考虑试试 26 小时生物钟。

不要以专家自诩

如果你要举办一场讲座，讲你自己或是你的作品，请尽量抱着以下态度：我不确定我做的事情，也不知为什么，让我们一起来探讨。我曾经参加了一次讲座，嘉宾首先花了25分钟去讲他有多么重要，以及他在业内是多厉害的专家。适得其反，我们边坐着边想，如果你需要告诉我们你有多重要，那么你一定不那么重要。机缘巧合，在那不久我参加了一位知名雕塑家的讲座，他在讲座的最开始便说，他不是很懂他的作品：他只是不停在尝试，人们看起来认为这是成功的，于是他便继续做了。他问我们，让我们这些观众为他讲讲他的作品。只有你的讲座教会了你什么，你才能收获最多。

不要好为人师去解释所有的事情。这只是你的作品，不代表你是权威。

不要站在最前面。站在后面，在观众中走动或者坐在中间。这会帮你打破僵局。

让观众站起来。如果坐着，他们会放松，这样不好。他们需要时刻警醒。观众站着，你也会非常清醒，他们的不舒适感会让事情得以快速解决，直指中心。

（我曾经选择在停车场里上课。我在一张巨大的纸上用一支粗笔画图，我需要向观众喊着说话，他们都在二层的窗户上探着头听课。他们很不舒服，我也不舒服。正因为此，迫使我将一切减到最少。）

◎偶尔让一些观众谈谈你的讲义。他们总有意想不到的视角。我曾经让观众给我讲课，我收获了更多。

◎开始、中间、结尾这种模式已经不够。很多软件都有一个随机功能，你可以随机把你的图片放进去，没人知道下一张是什么，包括你自己，这对大家来说更有趣。

◎永远不要读你的备注。如果有些事情你记不住，那就没有必要讲。在观众停止听课之前停止说。

◎如果你感到紧张和不安，你可以安抚自己说，反正最后没人会记得你说了哪些内容，他们或许只会记得一些图片。

我曾在演讲厅给企业家和商人举办了一场讲座。我的主题是我们太容易被打扰了，需要专心及警醒。我请了20位裸体的男模女模在观众席中间走来走去。我以为那些观众会被打扰分心。我在最后的问答环节才发现我低估了他们，那些极聪明且专注的人都非常仔细地听我讲的每一个字。这场讲座让我无比难忘。

如果你想要吸引观众，那么重要的是先吸引你自己。只讲你最有热情的东西。作为在大学工作的一部分，我需要去听并且讲一些我不感兴趣的话题，但是如果演讲者极具热情，兴趣盎然，我也会被点燃。

> **为公众演奏的艺术家很像人群中的马戏团，有种对于危险的期待。**
>
> ——克劳德·德彪西
>
> （Claude Debussy，法国作曲家／音乐家）

同　意? 回到第 5 页，看看如何面对专家的专制。

不同意? 翻到第 215 页，看看裸露如何帮助公共演讲达到极致。

向妥协说不

保罗·科埃略（Paulo Coelho）下定决心后开始拼命抗争。当他还是少年时，便疯狂地想要成为一名作家，他的父母都认为他疯了。父母希望他成为一名律师——一个既安全又受人敬仰的职业。为了“拯救”他对于写作的狂热，父母三次把他送进了精神救治机构，用电击治疗。他仍然没有妥协，坚定地知道自己生而就该是一名作家，后来他果然成为一名有独特视野和角度的作家。他的书《炼金术士》（*The Alchemist*）被翻译为80种语言，在全球卖出了650万本，他通过写作而衣食无忧，备受景仰。

创新思维者认为，妥协而寻找安全退路是一场灾难。当托德·麦克法兰（Todd McFarlane）还在漫威公司作为插画师工作时，公司领导让他画风清淡一些，因为对于漫威的读者群来说他的作品太猛烈了。麦克法兰辞职了。他拒绝了平稳的职业之路，开始组建自己的公司。后来他在出版产业、玩具公司、电影和动画工作室都获得了巨大成功。作为一个在商业体系下的艺术家，麦克法兰不管是否预算超支，始终忠于他的艺术风格。

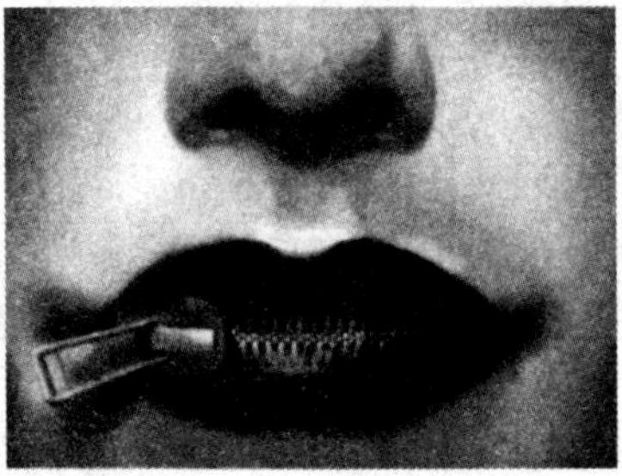

我们都会在老板、家庭和朋友的压力下妥协。但是为了做出一些独特而与众不同的事情，需要坚持理想，拒绝妥协。你无须对其他人的期望负责，但是需要为自己的期望担当。

> 你的时间是有限的，不要浪费去为他人而活。不要像狗一样跟在别人后面，成为他人想法的结果。不要因为外界纷扰的意见而听不见你的内心。
>
> ——史蒂夫·乔布斯
>
> （Steve Jobs，美国苹果公司联合创始人）

翻到第 246 页，认识一下其他永不言弃的作家。

在平凡中为创意开枪

你欠经济学家保罗·萨缪尔森（Paul Samuelson）太多。2008年全球经济再次跌入自大萧条之后的谷底，发达国家听从了萨缪尔森反直觉的建议而避免了灾难：增加基础设施建设的投入，减税，开放进口，把利率降至零。与2008年完全相反，在1930年代的大萧条时期，政府因为减少花费，平衡收支，设立贸易壁垒而让灾难加剧。

约翰·肯尼迪（John F. Kennedy）在1960年竞选美国总统成功时，任命萨缪尔森为经济顾问。当时经济形势在下滑，萨缪尔森建议肯尼迪减少税费，肯尼迪十分惊讶。这有悖于大多数人的直觉，而且似乎和肯尼迪在竞选时要让财政平衡的宣誓也相反。林登·约翰逊（Lyndon B. Johnson）在肯尼迪被刺杀后，继续采纳了萨缪尔森的建议，美国经济得以恢复。而萨缪尔森则继续担任下一任总统的顾问。

更惊人的是在萨缪尔森的经济理论中，很多内容受到了医学和物理学的启发。他阅读医药学期刊多年，寻找可以转化为经济学的想法，如医学中的孟德尔定律。他还将热力学中的力平衡原理应用在经济学上。当其他经济学家都用逻辑思考时，他将创新思维应用在经济学上，带来的影响巨大。

1930年，当萨缪尔森还是个学生时，上了芝加哥大学的一堂经济学课。这对他是个重要启示，他意识到自己的使命——成为一名经济学家。他创造性地带给平凡的世界货币图像、增长预期和供需讨论。发现自我使命后让他更加积极、活跃，而他一系列的经济理论和玩乐状态更让他独一无二。他想要找到思想的乐趣，而不是去写那些严肃无比的论文，做严肃的研究。他的书太有趣了，简直既具童真又有启发性。他在具有影响力的一篇论文《断代重叠模式》的注释中写道，“毫无疑问，没有任何一个用‘毫无疑问’开始的句子会用问号结尾？一篇论文中有一个悖论就够了……”

萨缪尔森意识到经济学是为他而存在的，他也为经济学而生。“不要低估玩要在你工作和人生中的重要性，”他解释说。他成功的秘诀是把在物理学和科学中的兴趣带入到了经济学中。这让经济学变得更加个性化。“我只是纯粹在做有趣的事，是他们给我报酬太多了。”他说。

没人把经济学看作是创意产业，大家都认为经济学是陈旧、刻板和重复的思考。萨缪尔森改变了这一切。把创新思维带入“没创意”的行业会让你更有优势。一个被认为“没创意”的领域，比如管理、会计、保险、病理研究、经济、银行、科学或任何严肃行业，都是去发展创意的绝佳领域，在这里创意能够被最有效地利用。创意不是只为了艺术、文学和音乐世界而存在。

就像在盲人世界的独眼人，如果你是这里唯一的创造性思考者，你会无往而不利。

> 如果你计划的事比你能做的事情要少很多，那有可能你后半生都会在郁郁寡欢中度过。你回避了你的能力和可能性。
>
> ——亚伯拉罕·马斯洛
>
> （Abraham Maslow，美国心理学家）

翻开第 187 页，去认识一个发明家，他在最不可能的地方发现了创意。

设身处地

有一家广告公司想不出新广告片的好点子，向我求助。他们的目标观众群是老人。这家广告公司对老人生活的各方面进行了密集的调研，但这对于在广告公司工作的两个年轻人来说根本没什么用，因为他们始终置身事外。

我让他们自己成为主体。我带他们去戏服店，给他们戴上银灰色的假发和假牙，脸上做蜡模，拄上拐杖，穿上老人的衣服。他们看起来完全就是80岁的老人，这样的转变实在让人震撼。

他们的任务很简单，在伦敦的街上和商店中闲逛。他们没想到受到的待遇是这样不同。好心的路人会施恩，但更多的是轻视甚至粗鲁对待。对于他们来说，这是一段既震惊又痛心的经历，于是他们瞬间就理解作为老人的感受。这段经历形成了后来广告的创意。

我们总是习惯于置身事外，往里看，超脱，理性思考。在我们所做的事情和自我之间保持距离。为了更好地生活和工作，我们需要从里向外看。无论你感兴趣的是什么，走进它。想象你是项目的主体。如果你要做的是杯子，那么去想象你就是杯子，被拿起来的样子，当滚烫热水倒入的样子，闻咖啡的味道，被放进洗碗机的感受，被碰撞出刮痕或缺口的感觉。从内而外，置身其中。

> 我们需要让自己完全投入到周遭世界，不断学习自然及自我，去理解如何再创造。
>
> ——保罗·塞尚
>
> （Paul Cézanne，法国印象画派代表人物）

寻找一个新的角度？ 翻开第 269 页，当一节课的老师。

舍　得

《现代启示录》(*Apocalypse Now*)这部宏大的战争电影被评选为史上最伟大的影片之一。这部电影从1976年的3月开始拍摄，预计拍摄6个星期，却花了16个月。导演科波拉拍摄了230小时的素材，相同的场景重复拍了好几次。他为了拍下一个奇妙或不寻常的片段，鼓励演员即兴演出，这样能捕捉到一些具有诗意的瞬间，但同时也会带来更多毫无可用价值的素材。拍摄结束后，需要花上数月的时间进行剪辑和再剪辑。从开始处理素材到最终电影成片，花了科波拉和他的电影剪辑师沃尔特·默奇(Walter Murch)3年的时间。

为什么要做这么多而最后扔掉95%？这两个步骤看起来是冲突的。为什么不只做5%就用这些呢？因为你不知道你要用的是哪5%。剪辑有时是艰难的，因为你要舍弃掉花了大量力气所做的东西。很多时候我们所能看到的创意工作者的工作只是冰山一角。我们没有看到他所花费的每一小时、每一天、每一年，他所遇到的困难和挣扎，我们看到的只是结果。

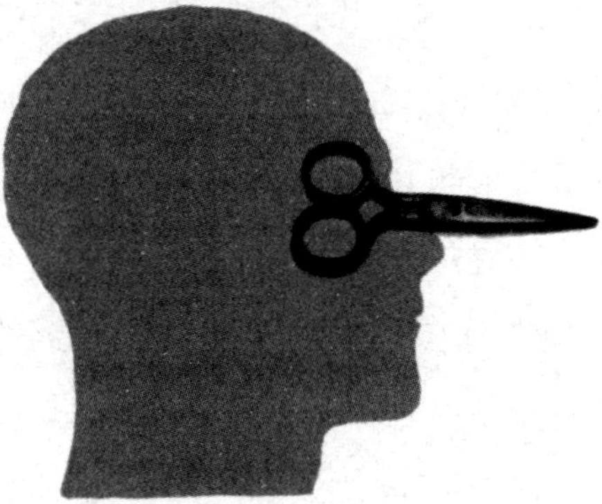

毕加索应该非常理解科波拉。我的一位朋友是位专业的绘画修复师，他为世界知名博物馆看管大量的伦勃朗（Rembrandt）、提香（Titian）、马蒂斯和其他伟大艺术家的作品。他其中的一个工作是，每年和助理团队飞到巴黎两次，到一个位于银行地下的秘密地窖。需要穿过一堵一米厚的装甲防弹墙，使用精密语音识别系统及3英尺长的钥匙才能开启的两米厚秘密门，需要两位银行员工配合才能开启的复杂锁匙。内部还设有体温监测器、多普勒雷达、磁力场和行动探测器。最终他们会到达一个巨大的温控地下室，巨大到超出视线能及的最大范围。两边悬挂着成千上万幅没公开的毕加索画作。

我朋友的工作是鉴定老化程度，并做一些必要的修缮。虽然毕加索这一生创作了上千幅作品，他却只拿出了最好的5%进行展览。他把不够好的都剪掉了。

如果你想了100个点子，这里面有一个可能是特别棒的。如果你只想了5个点子，那么找到特别棒的点子的机会则更小。当公司邀请我做他们的项目创意顾问时，我不会让他们直接想一个方案，我通常让他们想100个。前40个点子非常直观，中间40个会有些离奇且不寻常，最后的20个会非常奇怪甚至有些超现实——因为他们已经把想法的边界推到了未曾到过的地方。我们通常会选择最后20个点子中的一个。99%都被剪掉了。如果是工作中一个任务的话，想100个点子，选最好的那个。这需要更多的努力，更多的投入和洞察力，也会带给你更多的选择。你会变得富有，更有资本。

> 杀死你所爱的，杀死你所爱的，虽然这会伤害你脆弱的自我，仍要杀死你所爱的。
>
> ——史蒂芬·金
>
> （Stephen King，美国当代恐怖小说作者 / 编剧）

舍不得放弃你的创意投入？ 翻开第 204 页，重做看看。

成熟，不变老

构建你的理解能力需要花很多年的时间，这种理解包括对自己、你所居住的世界和所在的专业领域。建筑师扎哈·哈迪德在50岁之前都没有因为她特殊的设计而获得国际上的认可。保罗·塞尚在56岁时才有第一次个人展览。希区柯克一直在50岁的时候才完整地发展出他个人具有标志性的悬疑片风格。简·奥斯汀在35岁之后才发表第一部小说。约瑟夫·康拉德（Joseph Conrad）的作品在37岁时才第一次得以发表。查理·达尔文在55岁时出版《物种起源》提出进化论，那本书在发售的第一天就销售一空。

乔治亚·欧姬芙（Georgia O'Keeffe）是美国知名的画家，她最出名的是极具风格化的美国风景以及静物花卉油画。当她受到公众注意时已有50多岁了，在快70岁时知名度才越来越高。但一直到1970年也就是她80岁的时候，才有机会在美国的华特艺术博物馆举办最重要的展览。她被认为是美国最具代表性的画家之一。她的精神从来未老，因为她永远保持乐观的生活态度。在她84岁的时候，被一位26岁的陶艺人胡安·汉密尔顿（Juan Hamilton）重燃活力。他们生活在邻居的质疑声中，在新墨西哥的阿比丘小镇隐居。他们不惧骂名，携手环游世界，点燃了彼此的生命。他们一直生活在一起，直至欧姬芙以98岁高龄去世。

许多企业家、厨师、教师、作家和艺术家都是随着年龄和阅历的增长，逐渐地做出了他们最伟大的作品。对于创意来说，成熟是个优势。随着你生活阅历的增长，你对世界的理解会加深。年岁会让你对自己和所掌握的能力更加了解。创意就是你倾诉的欲望。

创意人士不能拒绝年岁变大，但是他们可以拒绝变老。他们需要在一生中都保持孩童一样的好奇心。他们知道生命中有些事情如果去严肃对待的话就太严肃了。即便是商人，他们也不会放弃打雪仗的爱好。创意是思维，而不是手法。这种手法可以是画笔、纸、墨，甚至任何东西。表达方式不重要，因为思维本身才重要。

我的突破到来得非常晚。但那一刻我感受到了来自新想法和行动的能量。

——爱德华·蒙克

（Edvard Munch，挪威印象派画家）

有启发? 翻开第 91 页，成熟到充满童心。

如果没有破，那么打破它

我和米罗的维纳斯是好朋友，在我任教的中央圣马丁学院门口，每周都与她相见，她就站在那里，永远熠熠闪亮。可要是在卢浮宫你想看到正版的维纳斯一眼，可就需要拨开人群。她在流行前沿，无处不在：马克杯上，贴纸上，甚至肥皂、盐罐、会叫的橡胶玩具上……她同时影响着伟大的艺术家塞尚、达利和玛格利特。当雕像在1964年被运到日本时，150万人在路上等待，只为看上她一眼。

虽是古典美人的代表，米罗的维纳斯却不够完美。自1902年第一次被发现时，这个优雅且神秘的无名女神便震惊了世界。这个古典的雕塑有着不同寻常、极富动态的螺旋形态。维纳斯本不存在于这个世界，应该只存在于神话传说中。她的形体被雕琢得十分优雅，看起来平静疏远，头往旁边轻轻偏移，永远不与人对视，带着一丝孤傲。

很多古代的维纳斯雕像仍然存在，但是跟米罗的维纳斯相比都已被毁坏得太严重了。而剩下的那些被毁坏得还不够。她应该曾被描绘在油画布上，佩戴着珠宝的她看起来栩栩如生。画里的样子已经不见了，只剩下她曾佩戴的臂环、项链、耳环和皇冠中留下的孔痕。她的手臂也已丢失了。她就那么残缺地站在那里，没人知道她原初的样子。她也许拿着一个苹果、一块盾牌或是一个可以让她仰慕自己容颜的镜子，是什么我们永远不会知道。这

一切都增加了她的神秘感和吸引力。这是不完美的美。她启发我们去感恩那些不完美：如果你在寻找完美的话，你将一直失望。在接受这种多样性的过程中，我们也在拥抱自由。

星巴克的咖啡里面充满着不完美。他们快速地引进新的产品：无论是冰焦糖玛其朵还是新的店面设计，这些内容总是在测试完美之前就先发布了，之后再逐渐慢慢改进。在创新的流程中，如果直接寻求无错的状态，对整个进程来说太慢了。创新需要错误和失败，因为这些错误和失败会引导你获得新的创意。如何培养创新文化的谜题在于：让组织中的完美主义者可以接受不完美，允许混乱和失败存在。

去追求完美真的值得吗？有些时候我们需要在压力下去呈现完美无缺的状态。完美主义有时是新想法的拦路石，而不完美有时却指向意想不到的地方。高标准值得时间投入，而完美主义是另一回事。高标准是指一件事尽力做到最好。完美是指不能容忍任何错误和失误。

我的女儿斯卡列特在学校的美术课考试的内容是画一幅自画像。她觉得不太舒服，所以透过一层磨砂玻璃来画自己，忽略了面部五官的细节特征，但是却创作出了一幅神秘、模糊、意象十足的画像。她开始担心这幅画会得到什么样的评价，因为画中并没有清晰地呈现她的脸。但她的老师简直太喜欢这幅作品了，伦敦的Saatichi画廊也很喜欢，不久后便在那里展出。

为不完美而努力。错过截止日期，去机场的路上迷路，忘记回邮件，记错参加派对的日期而提早了一天，事情会变得更有趣。如果已经坏了，就不要去修补；如果还没坏，那么打破它。

> 人的本质是不用寻求完美。
>
> ——乔治·奥维尔（George Orwell，英国小说家）

同　意？ 想要更多的意外，翻开第 112 页。

不同意？ 在下一章去认识一个历史上最著名的发明家，出了名的完美主义和坚持不懈。

重拾自我

因为工作关系（包括中央圣马丁学院和艺术圈），我见过许多有天分的艺术家、作家和音乐家。他们中的一些人非常成功，但有些人没有。区分成功与不成功的秘诀，是他们如何去面对那些不可预知的失望与困难，心理学家称之为90/10定律。你生命中会有10%是发生在你身上的事，而剩下的90%都取决于你将如何应对这些事。我们对于那10%是无法控制的，无论是大风刮掉了你的屋顶、火车延误还是一辆摩托撞上了你的车。但那90%不一样。它完全由你决定。

詹姆斯·戴森（James Dyson）是一个非常具有代表性的例子。在他有了世界上第一台桶型吸尘器的想法后，花了5年时间设计制作并测试了5 000个原型。这代表着其中的4 999次失败了，他需要不断地重拾自我，自负盈亏。戴森终于制作出了一个满意的模型，试着去卖给制造商跟传统的纸袋吸尘器公司，但大家都拒绝了这个无袋的设备。一个偶然的机会，他把他的创意卖给了一家日本公司，赢得了设计大奖，也获得了巨大的商业成功。在两年之中戴森的双桶吸尘器成为英国最畅销的吸尘器模型并在世界范围内流行。戴森吸尘器经典的造型和实用的功能，使它获得了无数的设计奖项，并在世界各地的艺术与设计博物馆中展览。

创意人士得以成功的关键，在于他们如何应对消极情绪。你不能控制一辆摩托撞向你的车，但你可以控制你的反应。当事情不对的时候，每个人都会觉得不安、生气、失望。有些人会卷入消极的情绪旋涡之中，放弃他们的项目；而创新思维者可以把失落放在一边，采取积极的态度，获得积极的成果。有一次我跟我的儿子路易斯在火车站等车，火车广播说会延误一个小时。其他的乘客开始抱怨，向列车员发火。接下来的一个小时对他们来说就是“坏死时间”。但对路易斯来说可是个机会。他拿出了他的速写本，开始画那些气急败坏的乘客。当列车到站时，他反而失望了。他的反应提醒了我，并没有所谓的“坏死时间”：我们应该做一些事情，像写字、画画，或者只是思考。我们可以向创新思维者学到的是，将负面的情绪转化为有用的。当事情变得糟糕的时候，每个人都会生气以及失望，但是创意人士会快速地恢复、重来。他们想要成为卓越者的心，会远超他们暂时的失败。态度比能力更重要。

> 那些自以为可以改变世界的疯子，真的改变了世界。
>
> ——苹果公司1997“Think different”广告语

翻开第232页，认识那个改变世界的企业家特纳先生。

接受挑战

1884年，当伟大的发明家托马斯·爱迪生雇了聪明的工程师尼古拉·特斯拉（Nikola Tesla）在他纽约办公室工作时，他可赚大了。特斯拉被认为是能跟爱迪生相提并论的天才。他为爱迪生设计了许多产品，但却没有得到应有的提成（如今的100万美元），因此他主动辞职了。

爱迪生采用直流电来输送电力的方法垄断一时。特斯拉发明了一种新方法：采用交流电，它不像直流电那样需要将巨大的电能通过长距离传输。因为其高电压，爱迪生一直坚信特斯拉的交流电是极其危险的。1890年，为了证明自己，爱迪生在纽约愚笨地试了两次才用交流电当众残忍地电击死了一头大象。但这并没有让投资者们不去注意到特斯拉的交流电技术，苦尽甘来，特斯拉成为最后的获胜者。

拥有一个对手可以让我们最大限度地挖掘自己的能力。爱迪生与特斯拉，比尔·盖茨与乔布斯，康斯特布尔（Constable）与特纳（Turner），他们都在促使对方做出更伟大的事情，都因对手而获利。在困难时期，他们把对方所获得的成就变成自己的驱动力。竞争让每个人都可以到达更高的高度，它会带来一种紧张与激情，让你工作更拼命。如果在你的办公室或公司，总有一些人一直想要超过你，那么去迎接挑战吧。

1920年，阿道夫和鲁道夫兄弟创立了达斯勒兄弟运动鞋公司，这家公司在德国赫尔佐根赫若拉赫镇他们母亲小小的洗衣房里成立。在1948年时分成了两个竞争公司，分别坐落在小镇的两头。他们都在竞争成为最好的运动鞋制造商，这样的强大决心让他们成为了世界顶级：阿道夫的公司是阿迪达斯，鲁道夫的是彪马。赫尔佐根赫若拉赫镇也被称为“弯脖之镇”，因为居民一直在弯着脖子去看他们的邻居穿的是哪个牌子。

像达斯勒兄弟一样，如果你的竞争对手跟你基本同级，不太高也不太低的话，对你是极大的帮助，因为超越他们是一个现实的挑战。2012年，苹果宣布成为世界上最大的公司。乔布斯并没有说要去超过最大的公司如可口可乐或耐克，他的竞争对手是比尔·盖茨。

他们基本同龄，在同样简陋的环境下同时开始了他们的事业。微软的Windows成为世界上默认的运行系统，而苹果拥有iPhone、iPod、iPad。“我们获得的所有成就都归功于我们的竞争者，无论是研发新产品，还是学习新技术。”比尔·盖茨说。1997年苹果陷入了财政危机。他们最不可能的救世主——微软公司入股了150万美元。比尔·盖茨为什么要救苹果？也许盖茨感觉到了他需要乔布斯来永远作为他的竞争者。在乔布斯去世前，他们拥有了一段互相敬重的友谊。终其一生在与对方对抗，但他们知道彼此是非常重要的陪伴。

虽然竞争可以让创意人士更有动力，但是不要去改变你原有的方向跟力量。乔布斯永远忠于他的设计能力，盖茨永远忠于他的技术能力。两位英国画家康斯特布尔和特纳之间，他们永远用相反的手段促使对方去获得更高的成就。两位画家有截然不同的个性，康斯特布尔传统精细，特纳豪放粗犷。康斯特布尔敏感而自卑，特纳自信而友好。特纳矮小而自我，康斯特布尔高大而自省。他们两位谁更优秀在艺术界存在争议，但他们都因为要超越对方而造就了自身的伟大成就。

1832年，这两个竞争对手同时在皇家艺术学院展出作品时发生了一段著名故事。约翰·康斯特布尔展出了一幅花了他15年时间画出的彩色油画，并排在旁边的是花了特纳几个小时的灰色海

景油画。在展览开幕的前一天，艺术家们可以做展览前最后的修整。特纳发现，跟康斯特布尔相比，他的海景看起来没有生机。他摘下了他的画，在水面上加了像是浮标的一笔红色，画完一句话没说便离开了。特纳快速且机敏的最后一笔让这幅画更加完整。与之相比，在旁边的康斯特布尔的画作就显得过度加工了。这正是特纳所谓的“少即是多”的方法。当特纳正在修改画作时，康斯特布尔正在另一间画廊，当他回来看到画时，叹气道：“他来过，伤害了我。”从那之后，康斯特布尔开始反击：在他风景画的前景中，总会画一个穿着红色夹克的小人。

心理学家的理论是：竞争对手既有可能帮助我们获得创意上的成功，也有可能成为阻碍。这取决于我们如何面对挑战。关于竞争的好处，埃克斯特大学的蒂姆·瑞瑟（Tim Rees）做过一项心理学研究：他们请了一些学生参加蒙眼掷飞镖比赛，一位研究员扮演竞争院校的支持者，试图通过评论而让学生们泄气。而学生之后的表现变得更好，因为他们受到激励，要证明自己比对手更强。

无论你在什么行业，去拥抱竞争吧：它可以让你变得更好，走得更远。抓住机会，你需要至少一位亲密的敌人，带着那一丝丝嫉妒去敬仰他们的成就。

> 我可不打算给托尔斯泰套上戒指。
>
> ——海明威
>
> （Ernest Hemingway，《老人与海》作者）

比起竞争，更喜欢合作？ 去第 251 页认识一个没有他就没有我们的科学家。

发现如何发现

我清晰记得第一次去纽约第五大道时，路过一栋又一栋方块建筑，它们是统一单调又有压迫感的公寓。突然间，古根海姆博物馆出现在我的视野里，整个建筑宛如由圆和曲线演奏的协奏曲，我一瞬间汗毛竖立，由衷敬仰。

这座博物馆不像你所见过的任何一座建筑。这是因为建筑师弗兰克·劳埃德·赖特（Frank Lloyd Wright）是完全自学成才的。他需要教会自己如何去设计一座建筑。他找到了方法，去忽略使用“对”的方法。如果你用别人教你的方法工作，你所做的事情就会和别人一样，明确而可预知。普通的建筑是被那些用普通方法教出来的建筑师所设计的。而如果你有了自己的方法，那极有可能会是一个新方法，会带来新结果。对知识的缺乏有时可以带来新鲜的视角。

古根海姆博物馆从内到外都令人赞叹。白色的旋转楼梯从外部向上、向外螺旋上升，到玻璃圆屋顶收集自然光。它像座雕塑一样伫立，形成一个展示现代艺术作品的独特空间。用螺旋形而非圆形平面的结构来包容一个空间，使人们真正体验空间中的运动。赖特没有像其他传统艺术馆一样做一个无趣的盒子，而是去探索建筑物的柔性和可能性。赖特的建筑从1959年开馆一直到今天都是独特的存在。每个重要博物馆都向古根海姆博物馆致敬，这是建筑师第一次可以去设计一座极具表现力、个人化的博物馆。

赖特读了麦迪逊高中，但是没毕业，他进入了大学但是也没能获得学位。在一家建筑师事务所当制图员后，他自学建筑。许多他设计的商业建筑中都激进地采用大众材料：他拒绝了当时流行的白墙、大起居室和落地大玻璃。由于缺乏技术知识，他的作品存在功能性缺陷，比如房顶漏水；他忽略预算，使房屋在建造中困难重重。但他的客户不会想到，他们能得到这么一个设计的经典版本。

赖特一直在突破规则。不是要刻意叛逆，而是因为他没有学过。他只是去做他觉得对的东西。有时，知道“正确的方法”可能会是你的弱点。

约翰·哈里森（John Harrison）也没有被“正确的做法”困住脚步。在1730年他发明了航海精密计时器，一个可以在暴风雨中精确定位海上船舶经度位置的仪器。它使大航海时代发生了革命性的巨变，使安全的长距离海上航行成为可能。

哈里森完全靠自学，从来没有学过仪器。他的传记中这样写道：“如果哈里森像其他学徒一样从师父那里接受正规的学习，他可能不会想出这么一个仪器；他也许会用大师教给他的东西赚钱，过上好生活，没有风险，也不用担心失败。”

选择接受教育是让学生拥有自我思考的能力。我们的文化需要更多没有接受过教育的思维。我就处在这么一个尴尬的位置，在大学里教书。你鼓励学生不要听你的，而是要听他们自己的，让他们拥有突破性思维的信心。

学校和大学都在传授已经试验并测试过的老套技巧。学校用银行的模式对待学习，对待知识如同累积和储存货币。学生带着问号来到学校，离开时却是句号。每个人出生时所具备的能力远远超出他们的认知。有些人生来是天才，却被教育和社会培养成了庸才。

我们不能靠书本学会走路。我们需要走路，摔倒，然后站起来，继续。做一件事没有唯一对的方法。所以你需要找到你的路。无论你做什么工作，去找到你做事情的方法。

> 如果我接受了所有的规则，那么我哪里也去不了。
>
> ——玛丽莲·梦露
>
> （Marilyn Monroe，美国演员/模特）

回到第 40 页，找到怀疑所有人，怀疑一切的乐趣。

留下印象

在两次世界大战中遇难的校友姓名都被刻在耶鲁大学校园内的一块碑上。雕塑系的学生林瓔（Maya Lin），每次经过那里时都忍不住用手指去触碰。当她摸到那些清晰雕刻出的姓名时，与遇难士兵强烈的联结感从手指末梢传来，她永远不会忘记那种感受。

林瓔记得设计华盛顿特区越战纪念碑时的情境，一面黑色长石墙，刻着所有牺牲烈士的姓名。在这里每个人都是平等的，不分等级，也没有更多细节。在上面刻有将近6 000个姓名，很多都是英年早逝。石头特别选用了反光材质；当游览者看着墙面，他们同时能看到雕刻的姓名与自己反光的影子，代表着过去和现在的融合。许多其他的纪念碑都是不能触碰的烈士铜像，但在过去的十年里，却有上百万的参观者亲手触碰了越战纪念碑，用手指划过了那些姓名。这个纪念碑只是林璎把她在耶鲁大学看到并启发她的那块碑进行重新放大而已。即便你不知道任何一位在越南战争中遇难的士兵，但当你看到一些人含泪在墙面上拼命寻找他们爱人的名字，或者拿着铅笔和纸做名字拓印时，你都会对这份揪心与痛楚感同身受。

只去关注那些惊叹、新奇、令人激动的东西通常就够了。利用好一切你所看到的、经历过的事情，如果惊艳到你了，也极有可能会惊艳到他人。创意可以非常简单，简单到如你发现了一些别人还没注意到的细节，记下所有惊叹的瞬间，无论它有多么微小，你永远不知道何时会用到它。如果它给你留下了印象，那么这印象也会带给其他人。

艺术不是你所看到的东西，而是你让其他人所看到的。

——埃德加·德加

（Edgar Degas，法国艺术家 / 雕塑家）

被启发了？ 翻开第 133 页，杜鲁门·卡波特没有忽视那些被忽视的。

没被启发？ 忘掉给别人留下印象，回到第 34 页，去认识一下历史上最成功的一个班级，那个班的每位成员都获得了诺贝尔奖。

设计不同

包裹到了！我满怀期待地拆开，里面却是个我想不到的东西。一个圆滑的、14英寸的蛋状物。沙滩海洋般白蓝色的透明外壳，这样的颜色组合很是新鲜，像古怪的外星人，又像是抛光的冰块，却比防弹玻璃还坚硬。磨砂的外壳让我能模糊地瞥到内部结构。它光滑得看不到连接点，魔术般轻巧，根本不像是工厂制品，更像是天然雕砌而成。如同另一个宇宙的馈赠，是来自未来的、由远比我们先进的外太空科技制作出来的。你需要不断摸着它才能相信它是真实的存在。

寄给我的是iMac G3，在20世纪90年代，这样的设计看起来根本不像来自地球。就像很多人一样，我想它到底用了什么魔法，有什么超能力。

史蒂芬·乔布斯只用了他设计知识的一小部分，却做出了大的不同。苹果的产品因风格而出名。当其他竞争者都把注意力集中在电脑的技术层面时，乔布斯却关注于美学。一直到iMac出现之前，电脑都是又丑又不酷。是什么让他想得如此不同？

乔布斯在大学期间只去上他喜欢的、感兴趣的课。他偶然见到了一张设计精美的海报在宣传一门书法课。他当即就被吸引了，决定参加。他学习到了每种字体都有着属于它的个性，某个单词会因为字体的选择而传递出不同的信息。字体既可以是功能性的，也可以是诱惑性的。他发现了字体艺术性的一面，而这些科学无法捕捉。

乔布斯把苹果公司定位在艺术和电脑的结合点上；他整合了技术和设计，并将优雅与风格带入了产品设计之中——在那之前一切看起来都既呆滞又笨拙。因为他上了书法课，Mac引入很多铅字时代的字体，都是极富设计感、优美的字体。这是苹果公司给它的竞争对手们的一把利刃。Windows拷贝了乔布斯的观念，至此，所有的个人电脑都受到了影响。苹果不是一个技术的创新者，但却改变了其他公司的观念。IBM首先引入了个人电脑，诺基亚第一个发明了智能手机。当苹果想要创新时，面临一种无望的境地。还记得Newton吗？还有那强大的Mac G4 Cube？没人这么做。“我们做过平板，在苹果之前我们做过许多平板，但他们却因把不同的部分组合起来而成功了。”比尔·盖茨说。乔布斯反击道："你以为所有的美学和品质都是睡一觉就自然有的吗？"

企业家和创新思维者会把他们所知道的信息都物尽其用，无论多微小。他们会一直拾取信息碎片，使之变得有用。只凭着一点知识，乔布斯便在与传统电脑行业的思维战争中获胜。乔布斯证明了，做一个好设计，通常需要的是越少越好。你对每一块小知识的珍视，可能会成为开启新世界大门的钥匙。

> 设计师知道他做到了完美，不是因为不能加入更多的元素，而是没有任何一处可以被去掉。
>
> ——安托万·德·圣·埃克苏佩里
>
> （Antoine de Saint-Exupéry，《小王子》作者）

回到第 30 页，去认识一下世界上设计性最强、功能性最弱的厨房发明。

别怕能力不足

我盯着一座时钟看了24个小时。

这是艺术家克里斯蒂安·马克雷（Christian Marclay）的影像装置作品《钟》。从数千部电影里，将其中关于时钟（时间）的镜头精心剪辑为一部长达24小时的实时影像作品。任何时候走进影院观看其中的镜头，都与现实中的时间分秒不差。这之中既有黑白默片里截取出的日晷，也有《逍遥骑士》（*Easy Rider*）中彼得看着手表显示11：40然后扔出的画面，还有《哈姆雷特》中说道“哦，可怜的尤里克”时时钟正指着的3：45。《钟》让影像中的时间与现实时间一一对应，同轨构思。电影本身就是一个巨大的、不切实际的钟。观众会对电影时间和真实时间开始发问。《钟》是一个一直在走、不需要调整发条的大师级作品，因为它被如此强大的想法驱动。马克雷没有令人称赞的高超的技术能力，是他的观念极具震撼力。经过时间的洗刷，我们的大脑会让我们记住那些强大的想法，忘掉那些惊人的技巧。

创新思维关涉视野、感知和表达。技术是有用的，但不是必需的。避免单纯使用技巧取悦他人，这很容易与真实的能力相混淆。技术是训练和重复，能力是你内在的敏感度与理解力。优秀的歌剧演唱家每天练唱好几个小时，你认为仅仅是练习技巧？其实是表达对音乐的热爱。他们享受整个过程。创新思维者是发自内心的吸引和热爱，而不是技巧的堆砌。

运营一个成功的商业需要有足够的能力可以应对日常报表、商业管理、财政和会计。是这样吗？理查德·布莱森爵士（Sir Richard Branson）是英国商业巨头维京集团（Virgin Group）的创始人，集团下有400个子公司。他极差的数学水平在一次内部会议中被维京的总监发现：布莱森竟然不知道毛利和净利的区别！总监画了一片海，在网（净利）中钓鱼，有一些鱼在网外（营业额）。在视觉化后，布莱森终于弄懂了数学。他既惊奇又失落，原来他一直想错了。他了解到维京并没有像他想象中那样盈利巨大。知道毛利与净利的区别是最基本的商业技能，但是没有这个技能，他仍然创建了拥有60 000名员工的巨大商业帝国。布莱森缺乏数学技能却成为一个优势，他没有被琐碎杂务缠身，反而看到更大的远景。他雇佣其他人来处理数学的部分。布莱森也许没有商业技能，但他有从商的能力，拥有对于公众需求的敏锐嗅觉，以及如何满足的本能直觉。

缺乏专业技能让我工作坊里的一个学生险些放弃他毕生的梦想：开一家餐厅。我们想出来一个好点子，做家外卖餐厅！餐厅没有厨房，顾客可以从菜单上点餐，外卖餐食会从附近的餐厅送来。服务生会提供建议给顾客：不同餐品的质量，预计送达时间，下单，接单，重新装盘，送餐。我的学生没有餐厅工作的技能或经验，但用这种方法他仍然可以开一家餐厅。一次偶然的机会，他和他的同事收集了足够的资源，雇了一个厨师，置办了厨房用具，逐渐开发了他们自己的菜单。

当一个人把重点放在技巧而非内容上时，说明他想法不够。天才的创意人对内容本身有强烈的认知和表达欲，他们并不需要去秀技巧。那些机械的思维想要寻找完美的技巧时，总会问“怎么做”，而那些有好奇心、想要去理解的人才会问“为什么”。

> **有的时候不完整是有益的。这会帮你打开脑洞。**
>
> ——罗伯特·卡沃利
>
> （Roberto Cavalli，意大利服装设计师）

更 多? 回到第 5 页，永远做个初学者。

成熟到充满童心

史蒂芬·乔布斯吃了一惊。作为苹果公司的CEO，他给了年轻的设计团队Hovey-Kelley一个可以提高他们知名度的项目。苹果因其简约的设计在全球知名，但此刻乔布斯看到的却是像一群五岁孩子在课上胡拼出的东西，一堆乱纸，止汗剂上的球形滚头，冰箱上的一块，汽车变速杆的一截，超市的黄油碟，这堆东西用胶带和橡皮筋绑在一起。

大卫·科里（David Kelley）和他的同事早都是成人了，他们运营着一家公司，在创作过程中却把自己当成孩子。他们用学校里的材料拼凑，玩耍，不亦乐乎，但却需要把最后的成果呈现给那个宇宙闻名的具有高标准强迫症的乔布斯。

在1980年代，产品都需要精细的设计图纸，按照图纸组装。

这是一个极其漫长且复杂的过程，非常成人化，非常严肃。科里不想用这样的工作方法，因为太慢且太受限了。他想要快速地用手里的材料来玩，快速制作出原型。看似粗糙的东西，却能将想法迅速视觉化。

乔布斯于是瞬间就明白了这一大堆杂物里每一部分代表什么。这是一个颠覆性的电脑鼠标，是有史以来用已知技术做出的最复杂设计之一。过往的鼠标只能做线性的上下和斜线移动，内部结构零碎而复杂，成本很高。科里原型的基本原理是：配置一个自由移动的滚球（止汗剂上的球形滚头）与光电系统，这个概念改变了日后许多代鼠标。因为这次巨大的成功，Hovey-Kelley设计工作室发展成为IDEO这一国际知名的设计咨询事务所。

如何能让成人严肃对待玩乐？在我的讲座上，我经常会举鲍勃·麦基姆（Bob McKim）的一个例子，他曾是1970年代出名的学者，后来进入创意行业（他对IDEO也有很大的影响）。我给了每人一张纸一支笔画出坐在他们旁边的人，之后给对方看他们的画作。大家的反应通常是尴尬地笑并一直道歉。

麦基姆认为，这代表我们惧怕被评价，在乎别人的看法。我们羞于把自己的想法展示给他人，这样的恐惧让我们不具备冒险精神。与此相反的是孩子们做这个练习的反应。他们是如此无拘无束。他们非常自信地把自己的画作给别人看。研究表明，当孩子们在一个安全的环境下，他们可以自由地去玩耍。对成人来说也是一样的。

我的主要身份是大学教师，同时也兼做创意咨询为客户提供解决方案，让他们足够自信又保持玩心。有玩心有助于我们发展。当一些组织和我说他们没想法，落后于竞争者，通常是因为员工胆小，没有安全感。他们害怕同事或老板的想法，怕出错。

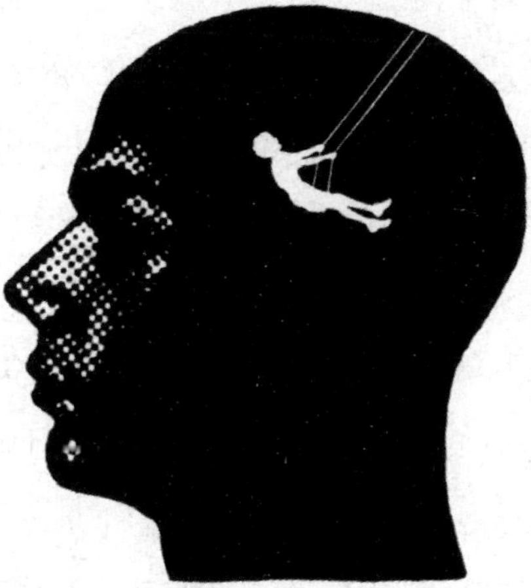

让·杜布菲（Jean Dubuffet）这样的艺术家从1940年代开始让人们重新正视了玩的价值。他惊诧于孩子们画里表现出的自由。那些通常会被忽略为是无价值又笨拙的画作，杜布菲却看到了本能与鲜活力。他没有简单去复制孩子们画作的风格，而去学习孩子们原始又纯真的表达。他意识到虽然纯熟会有很多好处，却忽略了创意的核心元素：去玩。

杜布菲决定在工作中回到无拘无束的孩童状态。他的画作里开始有了生命的张力、原始的能量和孩童的天马行空。他像个婴儿一样不戴有色眼镜，去快乐地尝试所有事情，对所有事情着迷。他的画作被批评家评价为“五岁的孩子也能画”，但他仍然在艺术史上有一席之地，闻名遐迩。保持孩子的心态让他一直到老，都永葆青春的心。

一家公司叫我过去，希望我能让他们最优秀的经理们可以不再精神焦虑。高强度的压力使公司的行动力大大减弱。几近崩溃的主管告诉我说，他们既定的行程、截止日期和责任，代表着工作将不再有趣。我让他们把认为有趣的活动列出来，接下来标出这些活动需要多久。主管发现大多数有趣的活动都需要花至少一天。他们无法享受快乐，是因为他们没有足够的时间。我们把这些活动切割成为30分钟或以下的短歇活动。于是，这一天充满了许多快乐。压力值猛然降低了，行动力骤升，更重要的是，他们的工作和私人生活都变得更加充实。

我们可以去怪社会、家长、文化、学校或者任何人，但总体来说我们被戴上了枷锁，无法像孩子一样自由。我们开始害怕错误，被评判，被嘲笑。对创造的恐惧牵绊着我们，让我们不再为了纯粹的快乐而尝试新的方法。

未来属于那些会玩的人。创造力来自你身体中的孩童，而不是你成人的外壳。孩子是完全自由的，他们不知道什么不能做、什么不该做。成人会不断重复他们做过的事，而孩子还没找到规律，会一直尝试。无论你在做什么，永远像第一次那样：对孩子来说每一次都是第一次，他们的字典里没有最后一次，他们的世界里也没有规则和偏见。在从孩子变成大人的过程中，我们逐渐丧失了这种能力。学校教你一些东西——然后测试你。而在生活中你是先被测试，再教会你。后者是学习的唯一有效方法。

> 街上玩的那些孩子也许能解决我在专业物理学上遇到的最大难题。因为他们有我没有的东西——那就是我失去已久的感官知觉。
>
> ——罗伯特·奥本海默
>
> （Robert Oppenheimer，“原子弹之父”）

还需要被鼓励？ 翻开第 255 页，保持玩心。

保持冲劲

当弗朗西斯·斯科特·菲茨杰拉德（F. Scott Fitzgerald）有一个故事的想法后，他让自己全情投入到创作中去。作为20世纪最伟大的作家之一，他写下了经典小说《了不起的盖茨比》，在小说中把1920年代定义为“爵士年代”。

菲茨杰拉德一次又一次重写他的故事。他以写作为生命，笔耕不辍，一直到交稿前都在反复修改。他把这解释为执着。小说中繁复华丽的语句流淌开来，犹如野马向四周奔腾，又全在菲茨杰拉德强大的控制力下。在一次次的重写中，他找到了独特的语言表达。他把每句话每个词都修改得臻于完美。

好的想法振奋人心，会让人肾上腺素升高。它自带能量。但是无论这个想法有多好，如果你对它什么也不做，再好也是会冷掉的。你必须保持住你最初有这个想法时的兴奋感。无论你的项目是什么，是扩建房屋、重新装修一艘船还是要新开一家店铺，都要一鼓作气。在一个想法下持续工作，直至完成。我们没了冲劲的那一刻，也就失去了想法。我们脑内的批评家苏醒，开始质疑我们在做的事情，能量值骤降。对于创意执行来说，秘诀是要做，一直做下去。

> 从皇后乐队成立的最开始，那种冲劲让我完全没有时间去做别的任何事。我把95%的能量都献给了乐队。
>
> ——布莱恩·梅（Brain May，音乐人）

翻开第 53 页，去认识一位永不言弃的作家。

下一章，去认识另一个不知要往哪里去的人。

渴望没有目标

把这页用剪刀剪碎。剪成词语和一些句子，把它们打散在一起，重新排列，直至完全改变了原来的含义。你会发现意外的事情发生了：那些想不到的、不寻常的短语组合在了一起。这让你从日常固化的写作中挣脱出来，把思维开拓到从未到过的地方。

目标决定了结果。如果你有一个目标，那通往目标之路注定只能是付诸劳动。想象力离目标更远，却离其他的可能性更近。如果过程有趣，结果也会有趣。创意的探索过程应当是一个完全开放、实验的过程，不用在最初设定一个目标，因为在过程中目标会自然而然出现。寻找目标变成了真正创意与探索的阻碍。只去找一件事，那你最终也只能找到一件事。飞蛾有目标，那就是火焰，可飞蛾把自己的生命都燃烧在火焰中。

最好的一个作家例子是威廉·巴勒斯（William Burroughs）。巴勒斯是现代文学中最具影响力的作家，他在开始写小说时并没有一个清晰的目标。不同于传统的线性叙事，他用了剪切技巧。当开始写作时，他也不知道故事会走向哪里，主角是什么样的。他找了报纸里的语句、书和杂文里的一些话，随机剪贴在一起。巴勒斯的方法会经常出现奇怪的组合，诡异的短语，这让他在写作过程中充满了兴奋和激动，无法预知的路径也向他展开。他的故事中没有传统线性小说里起承转合的局限，他的做法成为了文学界著名的案例。

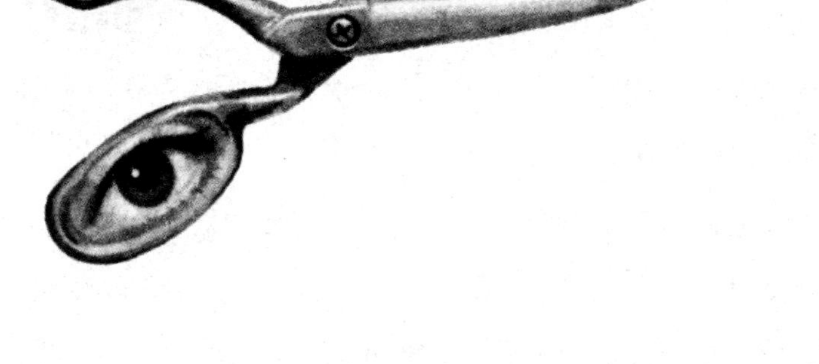

目标会限制你的行为，你将没有机会去探索其他路径。就算路上遇到了更有趣的事，由于要求精准和时间限制，你也需要跟着计划前行。这也是为什么有时设定目标会事与愿违，目标的优点常被放大，缺点却被忽视。在2009年哈佛商学院发表的一篇论文《目标偏移：设定太多精细目标的负效应》中，也得到了相似的结论。作者罗列出了设定目标包括缩小焦点的明确负效应。许多案例可以证明：西尔斯百货公司曾有段时间给员工设定每小时147美元的任务量。它激励了员工，于是员工开始乱收费，毁掉了一家公司的声誉。另外一个例子是福特汽车的一起严重追尾事故引发的自燃，53人死亡，多人受伤。追溯事故原因，是因为在1970年，福特公司设定了把一台车的制造成本控制在2 000美元以下的目标，以至于工人忽略了安全检查。

不想让对手猜到你的策略？你可以听听约翰·冯·诺伊曼（John von Neumann）在他的《博弈论和经济行为》中的建议：把你的策略修剪，重新设定。你的对手不会知道你的策略，因为他根本无法预知你的下一步会是什么。

如果你不知道要去哪里，你的旅途会更有惊喜，工作也更丰富。最高的目的是没有目的。取得成就的动力很重要，但是跟确定目标相比，更应该确定你要重点关注的领域。目标确定了产出，而重点关注的领域则决定了你会在什么范围内花时间。目标是结果，专注领域是途径。不要去计划怎么工作，开始做吧。

> 你知道结果的瞬间便是失去。
>
> ——胡安·格里斯
>
> （Juan Gris，立体派画家）

翻开第 177 页，去看看怎样无为而有大成就。

让此刻成为现在

我们必须培养自己享受现在、珍惜当下的能力。法国作曲家莫里斯·拉威尔（Maurice Ravel）在一战的某次偶然中认识到了这点。当时身为卡车司机的拉威尔在大炮轰炸中没有一刻安全，他前方有可能是敌人的狙击手、毒气或机枪。他需要开车谨慎地在道路上前行，给前线运送补给。冬天，道路结冰湿滑。春天，雨水让战场成为一片泥泞。士兵的双脚在水里肿胀成三倍大，经常由于坏疽而被迫截肢。老鼠如入无人之境，吃着腐烂的尸体、垃圾，长得像狗一样大。公共厕所和腐烂尸体的臭气充斥在空气中。拉威尔还要忍受暴晒、冻疮和痢疾。震耳欲聋的声响让他在许多寂静时刻仍能听到耳鸣。

在一个阳光的清晨，拉威尔开车穿过那个被炸毁的荒凉小镇，路边满是枯萎的树干，毫无生机。透过锐利清晰的光线，他看到了一座废弃的城堡，里面有一架状态完好的埃拉尔钢琴。他坐下来，开始弹奏肖邦的乐曲，恐怖感伴随着音符逐渐消失。他完全陷入了音乐之中，为自己创造出了一个全情投入的醉人瞬间。之后每次回想起，他都认为那是生命中最美妙的片刻。或许因为周围的恐惧，让这愉悦来得更加浓烈吧。

拉威尔是怎么做到忘掉周围战争的呢？读拉威尔写给朋友的信，能够知道他在想什么。他去主动控制他的想法和感受，而不让想法反控制他。很多人都觉得想法不由自己，拉威尔却知道他可以控制自己的情绪。他把握好自己和周围的情感距离，只关注于眼前的现在。他没有让过去的遗憾和未来的担忧来毁掉现在。如果你认为想法是被他人和外界所控制的，你会感觉无望，时刻被压制。拉威尔可以控制他对事件的态度，一个重要因素是对音乐的兴趣。艺术家都会说他们对艺术有多投入，感觉到周围都不存在，只剩下他和艺术。热爱音乐的拉威尔了解这样的感受，也知道怎么去使用它。对我们来说，找到可以沉醉的事情是非常重要的。

拉威尔在战争中写下了几部最重要的作品，比如《库普兰之墓》。他把在外界受到的创伤和经历都转化为积极的应对。拉威尔相信生命的目的是去体验，无论好坏，都要去主动寻找更丰富新鲜的经历。愉悦不在远方，就在身边；不在未来，而在现在。

需要去爱你所做的事情，完全投入。心理学家米哈里·契克森米哈赖（Mihaly Csikszentmihalyi）解释说："心流的状态是当你沉浸，你便失去时间感，完全出神，全副精神都贯注在所做的事情上，也就是艺术家及音乐家所说的文思泉涌，如同演奏爵士，一气呵成。"

无论你在哪里、做什么，让自己全神贯注。你必须完全投入到你的体验中，无论美丑、好坏。你现在的状态不会指向你的未来，但会决定你从哪里起步。

> 真正面向未来的天才会把时间都留给现在。
>
> ——阿尔贝·加缪（Albert Camus，法国作家／诺贝尔文学奖得主）

是？ 回到第 96 页，抓住现在，保持冲劲。

否？ 翻开第 109 页，休息一年再回到正轨。

敞开心扉

安迪·沃霍尔（Andy Warhol）开放的思想反映在他工作室的运营方式上。他的门永远是打开的。街上的任何一个人都可以走进来和他说话，给他提建议甚至画上几笔。完全没有隐私，没有个人的工作台，每 件物品都是开放的，所有人都能看见。

一大群创意人被他开放的态度所吸引，慢慢在他的工作室里扎根。他们协助安迪·沃霍尔工作，提出绘画建议，甚至一起创作。沃霍尔像一块海绵，吸收着工作室里的想法和养分。工作室里的人像踩在同一块共鸣板上——多元而不同，但都有绝对的天分和惊异的个性，每个人都给工作室带来无限生机。沃霍尔不会充当权威，反而会被每个人的天分所刺激，为他们提供帮助。他热爱那些具有新鲜思维的人们，他像块磁石一样把他们吸引在周围。工作室有着激动人心的创意环境，在那里每个人都可以随心所欲地贡献想法。很多人都第一次觉得可以放肆做自己。工作室成为了实验艺术，尤其是实验音乐的中心：地下丝绒和Lou Reed，两个摇滚乐队的传奇都是沃霍尔的至交。他的工作室是扁平式结构，不分层级。沃霍尔让每个人都可以参与，每个人都可

以贡献一些什么，作为回报，沃霍尔把握住了当代世界的脉搏，成为了新实验和趋势的检测仪。他的助理们都很乐于向他介绍新的观念，他们知道沃霍尔会做得很棒。

沃霍尔工作室的运营模式优势明显。艺术圈中包括杰夫·昆斯（Jeff Koons）、安塞尔姆·基弗（Anselm Kiefer）、达米恩·赫斯特（Damien Hirst）在内的艺术家都采用了他这种运营方式。虽然沃霍尔的工作室看起来只能应用于艺术圈，但他的影响力却远不止于此，这样的系统被设计公司甚至不少传统公司所采用。

许多成功的公司都采用了扁平式结构。在这种结构的公司里，每个人都能分到一杯羹，这让员工都全情投入。员工与总裁之间的中级管理层被大量缩减甚至取消。与之前相比，员工在工作以及直接参与讨论和决定时，表现出了更强的行动力。员工更有责任感，意见和反馈也能被更快地传达。扁平式结构下，可以根据不同的项目组建最合适的团队，同时减少了下层被上层评判的恐惧，而一个上层也总是介意更上一层是怎么想的，这样的恐惧被成倍地放大。中层管理者不再去启发创意工作者，而是把他们的负能量和焦虑传播开来。

当工作室可以向所有的可能性和新点子敞开怀抱时，创意就会迸发，无论那些想法有多疯狂。他们知道没人会嘲笑，而是被珍视。一个开放的工作室会带来开放的想法，而一个开放的想法会带来多种解决方案。一个禁锢的想法只会有一种可能的方案，且无法灵活变化。

> 对于有抱负与努力的人，面前的障碍无法对他们说："到此为止，不能再往前走。"
>
> ——贝多芬

更 多？ 翻开第 182 页，看看皮克斯的门卫为何喜欢在那里工作，以及第 136 页，比尔·盖茨为何不介意在错的地方做对的事情。

停下来，什么都不想

有一种艺术是什么都不做，完全不做。这个时代的天才，是那些可以从邮件、短信、推特、脸书、手机和所有媒体轰炸中超脱出来的人。如今屏幕无处不在，我们在屏幕上工作、娱乐；电梯上，学校里，都是屏幕，口袋里的屏幕更是挤满了我们所有不看大屏幕的碎片时间。今日的天才变得如此罕见，因为我们一直在被干扰、更新、连接。与其被动接受所有发生在我们身上的事，不如先疯狂地长时间工作，偶尔短时间关上自己。

德加、莫奈和其他印象派画家经常在强光、强烈的颜色下从早到晚密集工作。他们研发出一个技巧，给自己5分钟的休息时间，盯着用黑曜石做成的“黑镜子”。这会舒缓他们的眼睛，让紧绷的神经得以休息。他们发现虽然没有刻意去想他们的工作，但思想的机能却在继续运转。当他们回到工作中时会更振奋，充满能量，眼睛能看到更多，手指也能感受到更多，一切都更充实饱满了。他们享受当下。过去不会把他们向后拉，计划也不会拽他们向前。他们所困扰的问题的答案在那一刻变得清晰。

一周七天，每天24小时的工作是西式的。我们都野心勃勃，渴望成功，哪怕只停下一秒好像都是错的。与你想的相反，把公司关一年也许才是让公司成长的最好方法。设计师施德明每七年就会让他的工作室休整12个月。“我们七年中的设计都植根于第一年前的休假期，以及那个休假期间的思考。”他说。Global Tolerance创始人西蒙·科恩（Simon Cohen）也采用了反直觉的选择——一年的休假。Global Tolerance成长迅速，获得了重要客户和巨大成功。科恩决定公司需要休息和反思的时间，这需要一年的休假。理论上说，这不容易。“我们人力资源部的人说从没听过公司休假，也从没有人这么做过。”他说。他们与客户达成一致，避免这一年中客户被竞争对手抢走，一年后他们归来，带着更强大更好的自己。

如果你是经理，那就让你的员工休一天或一周的假。如果你是企业的管理者，利用休假系统去振奋你的员工。如果你自己创业，那就强迫自己偶尔什么也不做。不要轻视休整期，它不只是放下工作，也是一个疗愈的工具。完全清空大脑是很重要的，只有这样你才能重新开始。想要有更深刻的思考，首先，你需要清空所有的想法。

> 在我们追求幸福的同时，应不时驻足享受一下生活。
>
> ——纪尧姆·阿波利奈尔
>
> （Guillaume Apollinaire，法国诗人 / 编剧 / 小说家）

还没被说服? 翻开第 187 页，突破你的想法。

计划更多的意外

你打翻一杯咖啡，钢笔漏水，打印机坏掉。这些都在每个人身上发生过，不要自动无视这些意外，去面对它。跟着它走，看它能带你去哪里，让它推着你走到预料之外的方向。

这件事的问题并不是意外，而是你。意外是一些出错的事情，它会推翻你已有的计划和设想。你需要对意外有更多的包容。画家弗朗西斯·培根（Francis Bacon）总结了创意人对待机会的态度："所有的绘画都是个意外，同时也不是意外，因为它需要你去选择意外中的哪部分加以保留。"

在每天的生活里，我们都会尽力去避免工作中意外的发生。创意人对意外不会恼羞成怒，反而会被意外所吸引。最成功的科学家并不像一般科学家那样有着线性逻辑的思考——他们更像艺术家。如果有些事情出“错”了，他们会在“错”中找“对”。

爱德华·本尼迪克斯（Edouard Benedictus）不小心把柜子上的玻璃烧杯摔掉了，烧杯碎了。惊诧的是，它没有碎成小碎片而是碎成了大块。作为一个作曲家、作家和画家，本尼迪克斯本能地对意外作出了反应，并深入研究。他发现烧杯中盛有硝酸盐纤维素，这让碎片玻璃可以接合。他很快地发现了玻璃可以破而不碎的潜力；他的安全玻璃在一战的防毒面罩中首次使用，而后出现在汽车挡风玻璃上，安全玻璃很快就无处不在。

硫化橡胶也是这样在一次意外中被查尔斯·古德耶（Charles Goodyear）发现。橡胶在热的时候太软，而冷的时候太脆。古德耶不小心把一些橡胶洒在了炉子上，被烤成了一个坚硬的黑色物体，它很牢固，而且在任何温度下都有柔韧性。他在意外中发现了硫化的过程，把这个意外转化为了惊喜。他被认为是“发明家的守护神”，因为时至今日，大多数物品中都会使用橡胶。

电流是伽尔瓦尼（Galvani）在意外中发现的，巴斯特（Pasteur）发现了免疫，伦琴（Röntgen）发现了X射线，达盖尔（Daguerre）发现了摄影术，贝可勒尔（Becquerel）发现了放射性，弗莱明（Fleming）发现了盘尼西林（青霉素）。

当“意外大学”的一名学生吧。当发明电脑时，也发明了系统崩溃。当发明打印机时，也注定会打印出恼人的墨痕。每一项新技术都带着意外发生的可能性。面对它，发现它。意外会产生新的视角。每一颗创意的头脑都是如此，我们生活在这个不完美的世界，我们都是不完美的，我们的作品也是不完美的。

意外和完美相比，可以将现实映射得更加真实；完美反而是不正常的。把意外想象成去寻找不同问题的答案，找到那些不同的问题是什么。这可能比你要问的问题本身更有趣。

> **没有一个叫意外的东西，它只是命运的另一个名字。**
>
> ——拿破仑·波拿巴
>
> （Napoleon Bonaparte，法国帝王 / 军事家 / 政治家）

受到了启发？ 回到第66页，拥抱艺术中的不完美，或者去下一章看看世界上最成功的失败。

如果不能做得特别好，那就做得特别差

艾德·伍德（Ed Wood）的电影我看过许多遍。《恶魔之妻》《外太空9号计划》《食尸鬼之夜》都是惊人的作品：惊人的差。他还做过一些其他粗糙又猎奇的电影，影评糟糕，票房惨淡，但这都没能阻止他一颗要做电影的心。伍德会同时找赞助、制作、写剧本、导演，并亲自上场演出。他用孩童般大胆的热情拍出了一部又一部电影，却一点也没有损耗他灵魂中的热烈。我们开始原谅他哪怕是最差的电影，因为在所有糟糕的角色情节布景上他都认真地倾注了爱。一般的人如果在伍德这样的情形下做电影，早就放弃了。

在他去世两年后，1980年他终于获得“史上最糟糕导演”的殊荣，死后成名。今天，他的电影正因那些技术错误、破场景、

五毛特效、古怪对白、浮夸演员和诡异情节而出名。这些特征反而让电影有了笨拙、灵巧的感受，变得比好莱坞的一些大制作影片更能让人接受。伍德电影中的真挚和人性化正是许多高科技、高投资的科幻电影中没有的东西。伍德电影中使用的非专业演员，工资报酬不高，你能感受到他们是因为热爱而参与，而非为了赚钱。

做得很差的事情也可以重获新生。你不够酷也可以有呆萌的魅力，这表明你不介意其他人想什么。这世界充满了想要被认可的人们，他们在追逐的过程中迷失了自己。他们不是真的享受过程本身，而只是为了获得赞赏。与靠热情和热爱相比，如果你为了追寻良好的外界评论和商业成功，那么创意能量会大大削弱。

AuctionWeb是个很烂的网站，人们会在上面发布那些拍摄模糊的、垃圾一样的商品照片，吸引买家。作为一个全年无休的二手销售网站，浏览那些照片带来的视觉冲击太可怕了。AuctionWeb上卖出的第一批货品之一是标价14.83美元的坏激光指针。网站的创始人皮耶·奥米迪亚（Pierre Omidyar）惊讶地发邮件给这位成功竞标者，问他是否知道这个激光指针是坏的。买家回复并解释说，“我专门收集坏的激光指针”。奥米迪亚那刻知道，这条路他没有走错。

1995年他在加州创立了AuctionWeb，很快又将这个名字改为

eBay。eBay成为近25年中最具影响力的新技术公司——就因为它很差，它也坦承自己不够酷。奥米迪亚把他的热情放在项目运行流程上，而不是为了让它看起来炫酷或繁复。

太多的自我批评会阻止你向前的脚步。那些想法一般、审美糟糕的人往往能获得意外的成功，因为他们不知道何时该停止。就算是因为过于感性热情而出了错，也不要自认为油滑地去追求酷。

> 成功是拥有从失败到失败，却始终不丧失热情的能力。
>
> ——温斯顿·丘吉尔
>
> （Winston Churchill，英国政治家/作家）

不同意？ 回到第43页，看看信心不足有什么优点。

做一个保守的革命派

一个优雅的模特穿着高跟鞋昂首走在T台上。她身着一条剪裁精巧的裙子，内搭白色绢纱衬裙。观众都屏气凝神注视着这个时尚王国中最顶尖的设计。突然舞台两侧的彩色颜料喷射到模特身上，所有人都被吓到了。模特的脸和精巧的裙子都被喷上了彩色的点子，颜料顺着裙子流到了地上。

为什么？

这一切都是童心怪才设计师亚历山大·麦昆为他春夏季服装发布会所做的设计。现场的观众在大声尖叫喝彩，1999春/夏裙13号如今已经成为一个时尚符号。

不要用旧的方法去做旧的事情，我们应该突破极限去看能做出什么。这么多年来，都是模特昂首挺胸身穿当季时尚从巴黎一

路走到米兰，这无疑是时尚界的保守思考。亚历山大·麦昆打破了传统的期待。

麦昆是1990年代最具代表性的服装设计师。他极具魅力的外衣和时装设计很快成为了经典。麦昆后期把他的能力放在营造戏剧性的动态秀上，把传统的T台秀转换为表演艺术。麦昆的秀并不是简单让模特从台后走到台前，而是轰动性的事件。他的野心不止于成为伟大的服装设计师，他想要拥有更广的观众，想让世界上的每个人而不只是时尚界知道他的名字。

麦昆专注于他精巧利落的剪裁、独特的设计理念与刺激的T台秀。无论他的预算有多少，他总想得更大，并为实现付诸努力：T台上下雨，吓到观众的野狼，地面升起的火，滑冰的模特，在玻璃金字塔中的全息影像，用精神病院和海难为主题的设计。他重新定义了时装秀的边界，他让时装秀成为不可错过的事件。

美国画家马克·罗斯科（Mark Rothko）也如此极端。他在纽约的第一场个人画展是他画朋友们的肖像，风格原创、独特。从那之后他便把绘画推向一个极致。他把重点放在了所有擅长的部分上：形状、颜色和构成，这让他的绘画越来越抽象。出于偶然，他和其他抽象表现主义朋友开始创作纯抽象的画作，只纯粹地表现感受，并无其他。而在那之前，绘画都是基于现实世界存在的事物。

罗斯科发展出了基于方形和两到三种互补色的绘画。那些画面中的方块如同在震动，与周围空间产生强烈共鸣。纪念碑式的、巨大的画布淹没并包围着观者。他的绘画表现了人类的基本情感：悲恸、狂喜和末日。很多观众发现观看他的画作是如此感动的体验，他们在画前会拭泪。观众描述说，他们感受到罗斯科在绘画时想表达的那种接近灵魂最深处的触动。

罗斯科成为了最重要的抽象表现主义大师，他发现，我们需要把所擅长的东西推向极致。很多人都未曾与他们真正的天分相连接，因为他们没有做到极致。创意就像采矿，我们需要挖到更深才能发现隐藏的自己。

无论你在什么领域，环顾一下，看看你的环境正在发生什么。这会让你的作品站出来，也会提醒你，如果一个人做到足够极致，在一个小时内的收获会比50个人在一年内的成就还要多。

> 如果你没有踩在头上，你怎知你有多高？
>
> ——T.S. 艾略特
>
> （T.S. Eliot，现代诗人 / 社会学家）

翻开第 225 页，认识其他经常自相矛盾的革命创新领袖。

起死回生

你能猜出下面描述的是哪部电影吗?

我们的主角，一个孤儿，从小跟叔叔婶婶一起长大。他们的生活沉闷无趣，主角总渴望一些别的。

一位陌生人出现了，告诉主角他的背景、父母、真实的能力后，主角的生活发生了翻天覆地的变化。他发现父母和他一样也是特别的人，他可以去学习特殊能力。

一个满脸胡子的老人知道主角全部的故事，但是不打算告诉他，默默守护着我们的主角。老人在他还是婴儿时救了他，把他送去叔叔婶婶那里以躲避恶魔势力。

男孩开始学习超能力，用一根魔杖来操纵魔法，只有很少的人拥有这些魔法能力。

我们的主角了解到有一个恶魔的化身杀死了他的父母。恶魔的化身控制着黑暗力量，想要不择手段地统治世界。恶魔的仆从也在帮他散布恶魔力量。

主角发誓永远不会向恶魔妥协，并扬言要摧毁他。他找到了两个可以信赖的朋友，一个感性又执着的男孩和一个聪明机敏的女孩，不久他和女孩相爱了。我们的主角克服了巨大的困难，保护了朋友，我们相信这个主角会有伟大的未来。

最后，恶魔的化身被另一种更强大的力量战胜了，那就是——爱。

这可以是《星际大战》，也可能是《哈利·波特》。稍作调整也可能会是其他电影。奇怪的是，这样的相似性并没有影响电影原创度和人们对它的喜爱。我是《星际大战》的铁粉，电影看过不下十遍，公寓里都是星际大战的手办。我也是《哈利·波特》的铁粉，也看过不下十遍。哈利·波特的手办就在星际大战手办旁。我还会跟我的孩子们一起在深夜排队，只为了能够第一时间拿到《哈利·波特》的新系列。我读了很多遍《哈利·波特》，甚至听过很多遍史蒂芬·弗雷（Stephen Fry）朗读的有声故事书，仍然百看不厌，虽然那故事线我通过《星际大战》已经烂熟于心。

所有的创意都来源于过往。如果有人声称是原创的，那是因为他们对受到的影响还没意识。创意人士不会羞于去承认他们受到哪位偶像的启发。坏消息是：所有的事都被做过了。好消息是：几乎没人知道，所以可以再做一遍。

斯蒂芬妮·梅尔（Stephenie Meyer）的《暮光之城》受到了《呼啸山庄》的启发，但是很快又摆脱了原作者艾米莉·勃朗特（Emily Brontë）的影响。简·里斯（Jean Rhys）的《藻海无边》是对夏洛蒂·勃朗特（Charlotte Brontë）《简·爱》的创意回应。里斯太爱那本书了，想要往深了去挖掘人物的故事，所以写了这些人物的前传，同时也给《简·爱》中描述不多的柏莎发声机会。斯特拉文斯基（Stravinsky）从佩尔戈莱西（Pergolesi）、柴可夫斯基（Tchaikovsky）和民谣中裁剪片段，并把它们组合到自己的新作品中。

如果赫尔曼·梅尔维尔（Herman Melville）的小说《白鲸》发生在今天，那会怎么样？把白鲸换为白鲨，你会得到彼得·本奇利（Peter Benchley）的小说和史蒂文·斯皮尔伯格（Steven Spielberg）的电影《大白鲨》。在《白鲸》中，亚哈船长寻找那只名为莫比·迪克的凶残白鲸，竟至失去理性，变成一个独断独行的偏执狂。莫比·迪克是个拟人化的白鲸，他疾恶如仇，攻击人类。经过三天追踪，亚哈船长用鱼叉击中白鲸，但船被白鲸撞破，亚哈被鱼叉上的绳子缠住，掉入海中。全船人落海。

彼得·本奇利和斯皮尔伯格都很喜欢《白鲸》的小说，他们把它改成了现代背景，于是又一个伟大的故事出现了。他们把一个经典推得更远，而现代的观众也赋予了它新的意义。对他们来说《白鲸》是一个起点，他们在过程中加入了更多有趣的想法。

“飞船上的大白鲨”，这是雷德利·斯科特在向20世纪福克斯提案《异形》时所说的话。制片人瞬间就懂了。他们知道《大白鲨》是怎样的故事，现在发生在一个有限的、无处躲藏的空间内。做电影提案很困难，你需要去说服公司给你投资数百万美元找编剧、演员、美术设计和整个团队。而在提案会上，你除了提出想法外，并没有其他可以给制片人展示的。

“飞船上的大白鲨”是整个制作团队在过程中不停追溯的概念。选角导演知道去找那些不出名的演员，因为《大白鲨》用的就是不知名演员，对于观众来说比大明星更有认同感。《大白鲨》中的杀人鲸，就像《异形》中那艘摇晃且发生故障的小船“诺史莫”一样。它完全不像《星际大战》和《2001：太空漫游》里现代、金属感的太空飞船。在《大白鲨》中，你只能有短短一瞬间瞥见鲨鱼，它也合理地掩饰了我们看到的其实是模型。在《异形》中用了同样的技巧，隐藏了由人穿着硅胶扮演的怪兽。虽然跟《大白鲨》有许多相似处，但斯科特和他的导演却把《大白鲨》的核心观点转化为更加独特和原创的内容。斯科特用《大白鲨》当作脚手架，去建造自己的房屋。《异形》上映后，又引出了上百个版本，灵感传播了出去。

创意通常是再创作一个感动他们的故事、一幅画、一个想法或一首歌曲。在再创作过程中，可以转化为全新的、属于自己的内容。如果你记住了其他人的作品，当需要重新创作时，去记忆中找到它。

> 去重复一个好事没什么坏处。
>
> ——柏拉图
>
> （Plato，古希腊哲学家）

对发展自己的想法没有兴趣？ 翻开第 201 页，去拷贝你偶像的作品。

找到属于你的节奏

罗斯阿拉蒙国家实验室理论部门的科学家发现他们优秀的同事米切尔·费根鲍姆斯（Mitchell Feigembaums）有点问题——他没有过传统的一天24小时，而是开始过26小时的生物钟。他一天的开始时间和结束时间与其他人不同——他偶尔在日落时醒来，在别人吃早餐时吃晚餐。费根鲍姆斯喜欢研究混沌学，并希望他的一天充满偶然性。在26小时的一天中，他想的不是传统的科学问题，而是些结构化但无法预知的东西，好比云彩、烟圈和旋涡的螺旋形状。他的同事认为他在浪费天赋，但是他却成为了混沌理论的代表人物，在系统下学习遵循规律的偶然性。没有哪个近代理论科学家像他一样，对我们的文化有这样显著的影响。

混沌理论指出了基于流动科学方法的问题所在。只有像费根鲍姆斯这样的人，因为生活状态不同导致思考的问题不同，才能发现混沌理论。

想要保持创造力，你不能活在时间表里。世界有它的运行周期，程序会导致程序行为，程序的行为会产生程序的思维。程序并不是组织，组织是成功的安排，程序是不用动脑的重复。

在夜里工作很神奇。在黑暗与寂静的包围下，我们似乎可以进入到另一个世界，如同另一个星球。作家克雷格·克拉温格（Craig Clevenger）开始写新的小说时，会把自己锁在房子里。他用黑色胶带和铝箔纸把钟表和窗户都封起来，这样他就无法感受到时间。诺贝尔奖获得者托妮·莫里森（Toni Morrison）在黎明之前开始写作，不是想这样而是必须这样：因为她的孩子会在5点起床。查尔斯·狄更斯（Charles Dickens）喜欢深夜走在街道上，这样他会认识许多码头、市场和后街的奇怪伦敦人，这些人后来都出现在他的小说里。

对正常的轨迹和安排保持警惕：这会带来平庸、常规的思考。放弃时间表，打破程序化吧！如果你真的全身心投入到工作中，那么10个小时过得如同10分钟，然而很多人在日常工作中却把10分钟过得像10个小时一样缓慢。如果你真的热爱你所做的事情，那么你会忘却时间，到达事业的高峰。找到属于你的节奏。

> 如果你想要改变你的艺术，先改变你的习惯。
>
> ——克莱门特·格林伯格
>
> （Clement Greenberg，当代批评家）

没有完全被说服？ 回到第 102 页，沉醉在时间中。

寻找不为找到

我见过最神秘的、谜一般的男人正在大步地跨过房间。他不知从何处来，也不知往何处去。孱弱的身体向四周无止境地拉伸，这让他看起来异常脆弱，却又显得无比强大。他带着决心、好奇和疑问向前探身，6英尺高的他是我们这个时代的缩影。

行走的男人1号是阿尔贝托·贾科梅蒂（Alberto Giacometti）在1960年所创作的一座铜像，铜像在2010年以创纪录的10.43亿美元成交。贾科梅蒂认为，他无法在绘画或石膏像中表现另外一个人，因为人类是如此深不可测而复杂。在绘画和雕塑中，贾科梅蒂一直在寻找，却从未发现。寻找的状态让他拥有比足够了解和确信更大的自由，这是一种释放，他享受这一过程。他从真实的生活中撷取素材进行创作，而不是纯粹用绘画或肖像做写实记录。随着光线的波动，即便是很微小的波动，他与他的雕塑都有变化，我们所看到的一切都是不稳定的、可变的。若想画出一个与我们看到相同、绝对静态的二维绘画几乎是不可能的。他很聪明，因为他明白完全捕捉出现实是不现实的，只能不停尝试、寻找。

不要害怕无知。无知很自然，创意来自你并不熟悉的领域。你应该愉快地承认你的无知，并有可能永远找不到一个解决方法。你找到的答案也许是虚空，也许以死亡为终结。让自己看起来傻一些，不要怕错，不要怕因此会受到的伤害。

德尔斐神谕（Delphic Oracle）宣称哲学家苏格拉底是希腊最睿智的人，因为苏格拉底意识到他所知甚少。他同样意识到每个人都所知甚少。苏格拉底没有一个哲学理论，也没有任何文字记录，他只是向他的追随者提问。他认为如果他的追随者到最后比最开始所知的还少，对他来说便是种成功。

如果你不知道你所做的是什么，你便不知道你所不能做的是什么。你必须去寻找答案，但无须找到。在无知中探索有极大的自由，找到知识则是个句号。用你所学，让自己成就更高级的无知。你必须对你的无知有非常清醒的认识，直到你可以在不确定的状态下仍能无畏，坚定前行。

> 对我来说绘画是持续性的寻找。我能看到我所想要的，但无法企及，同时也需要足够开放，这样即便走向另一条路，也可以往那条路一直走下去。
>
> ——詹米·韦思
>
> （Jamie Wyeth，美国当代写实主义画家）

更 多? 回到第40页，拥抱对不确定的质疑。

别忽视那些被忽视的

在看完一篇关于农民霍巴特·克拉特（Herbert Clutter）及其妻子和孩子在1959年被谋杀的新闻报道后，美国作家杜鲁门·卡波特（Truman Capote）决定赌一把。他走了1 700公里的路来到了案发现场River Villey农场。那边风景如画，静谧似水，白色的房顶从玉米地里露出，四周环绕着榆树林。农场紧挨着美国中部的中心小镇坎纳瑟斯。克拉特一家人善良，勤劳，淳朴。杀手则展现美国的黑暗面：那些冲动、桀骜不驯的无家可归者。这样的强烈对比吸引了卡波特。他想要深刻了解与事件相关的每个人的动机。他让自己完全融入到这个事件中，采访当地居民、负责案件的警察和临刑前的杀手。6年中，他记录了8 000页的笔记，基于这些，他创作了获奖的经典非虚构小说《冷血》（*In Cold*

Blood)。

这本书立刻引起了轰动，被认为是美国纪实文学的经典。事实上卡波特创造了文学的一个新形式，一种独特的类型：非虚构小说（non-fiction novel）。这不是一本侦探小说，也不是要猜谁是杀手，因为这些问题在最开始就已经解答了。事实上，他探讨的是其他事：走近与事件相关的所有人，去探讨他们所想所做的原因，发现杀手和幸存者之间的关联，以及愿意读到最后，对于每一个血淋淋的细节的期待。

我们周围有太多吸引人的事情，但我们并未留心。基本上每一天在报纸上都会有关于谋杀案的报道。我们总被无关的小事干扰，快速地浏览快速地遗忘。创意有时可以简单到去抓住被世界忽略的事情，让世界看到。

我们一直在错过机会。这些机会就在我们眼前，却被我们忽略，精彩的角色、事物、风景和故事。如果我们有意识地去留意周围，去发现寻常事中的特别之处，你就能让现实变得不同。去利用所有一切你认为有趣的事。

在被发现之前，一切事情都不存在。艺术家就是要通过发现，去让这些存在。

——威廉·巴勒斯（美国作家）

回到第 46 页，在每一天里，从自然中汲取灵感。

把对的事情放在错的地方

怎样才能让自己拥有看世界的全新视角？这需要让一些人和一些事出现在不寻常的地方。把你的主题放在一个意外的场地，能颠覆你预想好的内容；把我们日常的事物放在想不到的地方，能挖掘到意外的可能性。

超现实主义艺术家们发明了一种简单的技巧，即是把两种不同的物品放在一起，创造出超现实的形象。在1930年代，萨尔瓦多·达利的龙虾电话，把龙虾放置在电话的听筒上，这改变了设计师对于产品设计的思维，功能性也没有任何削弱。达利知道，日常事物都有深层次的超出它们的实际功能的意义。我们每天的生活中都充斥着带有他奇幻视角的非日常事物的结合，从香蕉或者汉堡形状的电话到婴儿车，人们也意识到把两种非正常的事物放在一起可以引发巨大的可能性。

欧文·麦克拉伦（Owen Maclaren）设计了“烈女号”（Spitfire）这一在战争中被使用的英国军用战机的起落架。这款飞机起落架可以叠得很小，但折叠方式极为复杂。受到折叠器械的启发，1965年，麦克拉伦设计出一款折叠的婴儿车，革命性地改变了推送婴儿的方式。在这之前，婴儿车和推车都很笨重且不实用。欧文在1967年时，将这一款新型的铝制麦克拉伦婴儿车量产发售，在数十个国家中销售了近百万辆。麦克拉伦同时也影响了未来的折叠系列产品，如速立达（Strida）折叠自行车。

比尔·盖茨在微软有一项特殊的内部规定：他会把员工放在完全不同的部门一段时间，然后从一个部门再转到另一个部门。他这样尝试是想要看看能发生什么，有时不会有改变，但有时却能产生惊喜。

将无关的人与事串联在一起，不为其他，而是为知道会有什么发生。无论你所处的行业是什么，把你的主题放在不同的语境下。关键不在于你看了什么，而是你看到了什么。

> 一个不能想象出马在番茄上飞驰的人一定是个傻子。
>
> ——安德烈·布列顿
>
> （André Breton，法国作家 / 诗人 / 超现实主义先锋）

受启发了？ 翻开第 236 页，试着从 A 走到 B，但要经过 Z。

保持饥饿

我们追逐奢华，但奢华却在引诱我们向往名利场。它企图破坏我们的初心，蛊惑我们，要放松，放松。而简单甚至简陋的空间却可以让我们集中精神。奢华并不是给创意人，而是给贵宾犬准备的。

那个时代最著名的肖像画家卢西安·弗洛伊德（Lucian Freud），把他的工作室完全清空，以防外界干扰。他把衣柜用锁封起来。他的模特儿，无论是公爵、女王、同性恋、伴侣还是孩子，都永远忘不掉这种聚精会神的凝视感。除了绘画与被画，没有其他任何可以分散注意力的地方。

弗洛伊德诚实对待他所画出的真实肉体。他的画作中很少有唯美化的表现，而是他视角下的美学呈现。真实比现实更为坦诚。为了找到真实，弗洛伊德需要一个极简的空间。他所有的模特儿，无论美丽的还是特别的，都面对着同样朴素的审问。没有肖像定制师会像他一样工作，他画他所看到的，甚至脸上的瑕疵和缺陷都会描绘出来。他把一切都投资到了绘画上，并没有依赖于任何事，也不需要任何事来支撑。无需音乐、电话、空气或者故作优雅，什么也不需要。

弗洛伊德工作时间相当长：上午画一个模特，午休，傍晚再画一个模特，一周七天全年无休。他让自己远离喧闹的城市。他能够保持清醒是因为他把自己与无用的日常全部切断。

弗洛伊德过得并不是僧侣般的生活。在 Colony Room 酒吧，普通人抿一口，他都能干下一杯。他经常打架，和不同的伴侣生了许多孩子。他的生活极为丰富。这和他的工作室太不同了，他需要一个绝对纯粹的、清澈的精神空间。

作家拉尔夫·瓦尔多·爱默生（Ralph Waldo Emerson）、女诗人艾米莉·狄金森（Emily Dickinson）、作家兼自然主义者亨利·大卫·梭罗（Henry David Thoreau）和其他太多太多的人都把自己从丰沃中抽离，去孤独中寻找灵感。一个空房间或者工作室可以让头脑清醒。全神贯注下，能看到事物本身的样子。所有分散的注意力都被集中到一个极具能量的集合。思维需要游荡：把其他路径关掉，走向唯一。

我能想到最糟糕的事情莫过于习惯奢华。

——查理·卓别林

（Charlie Chaplin，喜剧演员）

翻开第197页，看看爱因斯坦为什么喜欢混乱的工作台。

让自己惊奇

大家可能还没意识到，我们都是有故事讲的：与病魔抗争，家庭困难，贫穷或者突然破产。生命是我们的人生主题，所有的记忆让我们可以给自己惊喜，了解自己的个性并知道是什么让我们不同。我们通过每天、每件事的自我表达，在书写我们的个人传记。

艺术家弗里达·卡洛（Frida Kahlo）把人生经历当作创作素材。她的标志正是基于她自传式的小画。虽然她的作品从技术上评价简陋粗糙，但这并不影响人们对她的喜爱，因为她讲述着那些属于她自己的、独特迷人的故事。发生在她生命中的悲惨经历没能影响她的乐观与热情。在6岁时，她罹患小儿麻痹症，这留给她丑陋的双脚和跛足。在那不久，一场严重的车祸又让她的右腿和盆骨严重受伤，要终身在疼痛中度过。在恢复期她画了第一幅自画像，后成为一个系列，画出她对生命中事件的情感反应。弗里达的伤使她无法生育，于是在她在画中画了流产。她认识了艺术家迭戈·里维拉（Diego Rivera），他们有着疯狂的婚姻生活。弗里达的脊椎和脚做过无数次的手术，又由于右腿的腐烂，被迫在膝盖以下做了截肢：这对一个全心想要做自画像的艺术家来说无疑是巨大的打击。她安装了人工义肢，重新学会了走路。这些事件都被记录在她的绘画中，她本身就是自己的主题。

虽然后期弗里达关节痛严重、吸毒、酗酒，她的作品变得更加粗糙、无序。但这成为了她最好的作品，艺术声望也正是在此刻增长。人们去解读她的作品，这些画表现出她并不想当一名受害者，经历的所有痛苦并没阻碍她与生活相爱。

霍华德·舒尔茨（Howard Schultz）是星巴克的CEO。他的父亲一辈子在做各种蓝领工人，从未在工作中找到过意义或满足感。父亲因工受伤，却没得到任何医疗保险和工人补助。这对舒尔茨有很深的影响。“不是为了咖啡，而是为了让与我父亲一样的人可以有工作的机会。”他说。他相信星巴克是美国历史上第一家提供完整医疗保险，并且向员工分发股权的公司。他悲伤的经历最终为他的公司带来了积极的成果。

每个人都需要了解什么可以激发自我的创意。好比拆开一只表去研究它的原理。问自己：我有过最妙的想法是什么？那个点子是怎么来的？你最烂的一个点子是什么？我第一个创意作品是什么？我的创意野心是什么？自我认知会让你知道你做事的方法，如何做，如何结束，如何清醒。从这里，你会开始了解你想要讲的故事。

> 所有的艺术都是自传。珍珠是河蚌的自传。
>
> ——费德里科·费里尼
>
> （Federico Fellini，电影导演／作家）

回到第16页，去认识另一位用自我经历创作的艺术家。

变不利为有利

伟大的影像写实主义艺术家查克·克洛斯（Chuck Close）取得了卓越的成就，这是个将不利变为有利的经典故事。他精心绘制的巨型肖像画作悬挂在世界最著名的博物馆里。巨型画作令人屏气凝神，站在画前如同站在一座山前。你会讶异于全部的细节，这些细节组合在一起，如塔一般。克洛斯在每一个画面的细节中花费了难以计数的时间。

在克洛斯的名望如日中天时，大难来临。脊椎上的血块让他只能把头与地面平行往下看。克洛斯因精细的笔触而出名，而此时的他竟连一支笔也握不住。就像杰克逊·波洛克（Jackson Pollock）所说，“画画不是问题，当你不画画的时候才会有问题。”

在密集的康复训练之后，克洛斯可以轻微移动他的胳膊。他在手腕处用胶带绑住画笔，重新开始学画画。他逐渐可以控制画笔画出小的抽象形状。这让他创造出一种全新的肖像：由小的抽象方块构成，从细节看每块都独立，像旋涡的波痕，但从远处看却是一个完整的、由像素组成的马赛克肖像，用色艳丽明亮。这些画作竟更加受欢迎，让克洛斯在艺术史上的名望越加提升。克洛斯回应自己生病的身体，让自己奇迹般地成为最伟大的色彩学家之一。

克洛斯并没有让这些不利的因素阻止自己去做生来该做的事情。他把所有的不利和不健全转化成一种创新。或许是早些年的艰苦生活历练了他：父亲在他11岁时去世，不久之后母亲也重病，他们为了治病抵押了房子。克洛斯有阅读障碍症，在学校被认为是又懒又傻的孩子。他被断言永远也上不了大学，然而他去了耶鲁大学。他的一生战胜了所有的困难。

1980年，伟大的爵士吉他手派特·马蒂诺（Pat Martino）患了严重的脑动脉瘤，需要手术。这个手术让他得了健忘症；马蒂诺想不起他的家人和朋友，想不起怎么弹吉他，想不起他的职业，甚至不知道自己是谁。他感觉到自己“坠落般的冰冷，空虚，清澈……裸露”。在接下来的几个月里，他拼命去学习他的旧唱片，重新找回旧的记忆，找回属于吉他的记忆。他的旧唱片是“一个老朋友，一个永远美丽诚实的精神体验”。在1990年代初期，他重新开始了演出。那段特殊的经历让他的演出有了新的维度。

很多人认为强哥·莱恩哈特（Django Reinhardt）是历史上最伟大的吉他艺术家之一，因为他创立了一种全新的爵士风格，叫作“热”爵士吉他。他把左手先放在火上烧再去按压金属弦。莱恩哈特只能使用食指和中指，为了克服这个问题，他创立了自己的音乐传统，而他最出名的曲子也成了爵士的标准。

这些创新思维者不仅战胜了他们的弱点，更把弱点积极加入到作品之中，带来新的维度。你需要认识到，退步可以是新机会的开始，它能带来更多的智慧。你最终也可以战胜那些看起来无法战胜的不幸。“我必须去做一些可以解决更多困难的事情，而不是一些必须要做的事。”

> 不幸可以造就天分，而安逸让一切停止。
>
> ——贺拉斯（Horace，古罗马诗人）

更喜欢传统而不是爵士？ 翻开第 191 页，去认识另一位艺术家，他也将不幸转化为优势。

丢一颗真实的炸弹

真实是具有能量的，它会给你的作品带来力量。真实时常难以被接受，甚至有时还带着攻击性。你不能害怕被攻击而丧失真实。为了做出经久不衰的作品，你需要挖掘出隐藏在事物背后的真实。

印象主义挖掘出了视线所能看到的真实与空间的精准性。未来主义展现出了现代世界的真实——应该是有关速度、快速旅行，以及信息的快速传输。超现实主义者发现了另一种真实：隐藏在事物表面之下，我们真实的欲望和潜意识。波普艺术家也展现出了真实：消费主义和资本主义对我们价值观的影响。观念主义艺术家展现出了想法支配我们对世界的认知。伽利略用他的后半生在房间中发现了地球并不是世界的中心，我们的中心应该是太阳。他们都在寻找周围世界的真实意义。

我们生活着的世界充满着公共关系、图像制作、身份转换和媒体资讯。很多人都想隐藏真相，遮盖事件本身，投以其他乱象。真正有创意的人想展现真相而非隐藏。他们会说出真实中的真实。哪个是真实的？在表面之下，能否找到你的真正兴趣？

> 所有的真实在被发现之后都很容易理解；问题在于去发现它们。
>
> ——伽利略（天文学家）

有灵感？ 翻开第 156 页，去使用震慑与敬畏。

没灵感？ 翻开第 261 页，去发现真实为什么还不够。

不要过早评价

我坐在皇家阿巴特音乐厅这个引人注目的历史建筑里。同座的还有上千位音乐同好，大家都一动不动。有些观众不远千里来到这里。艺术大师钢琴家走上舞台，打开琴盖，而后绝对静默了4分33秒。他盖上琴盖，走下舞台。我们非常激动却什么也没听到。观众和钢琴后的乐团都静坐着，小提琴手捧了他的琴弦，双簧管手在拉伸腿时发出沙沙声响，在我前两排的女人肚子里传来了并非策划的咕咕声，然而这就是全部了。“现在来一些真正的音乐”，接下来演出了巴赫和贝多芬。一下又显得俗气起来！

我们听到的是约翰·凯奇（John Cage）的4′33″。这首曲子钢琴师并没有弹奏一个音符。乐曲中的音乐来自礼堂中：咳嗽声、衣服摩擦声、呼吸声和远处的汽车声。4′33″让存在的每一个声响都同等重要。贝多芬交响乐不一定比食物料理机的声音好听。我们不需要因为它有意义而听，我们要聆听它的本质。4′33″如此迷人也是因为它内容的单纯。

凯奇想要观众消除对音乐的偏见，因为他相信一切都是音乐，汽车的声音和莫扎特的小协奏曲一样动听。音乐不只存在于音乐厅中，它其实在我们的周围，每时每刻。我们每个人都是生活音乐会的VIP。从某种角度来说，我们所听到的不只是我们在听的，而是要尽力去听的一切声响。

我们在任何一个地方，都不要过早去评价。我们习惯评价一切事物：人，价格，产品，行为，我们会自动地把一切分为两类："好"或"不好"。而一旦你把一件事物分了类，它便被下了定义。不过早予以评价，更能打开所有的可能性。

试着去避免传统的评价标准，就像有些人认为传统的形式一定比其他东西更好。扔掉层级关系，去接受一切事物都是独特的，这样你可以打开你自己，走进更多美丽的事情和世界。

评价和创意是两个不同的过程，创作中的自由非常重要，很难边创作边评价。要避免形成观点，直接跳到过程的最后一步得出结论。

> 看，艺术不懂偏见，艺术不懂边界，艺术如此纯粹不该评价。所以走吧走吧。
>
> ——K.D. 兰（K.D.Lang，流行歌手）

被说服了？ 回到第 105 页，去和安迪 · 沃霍尔聊聊。

没被说服？ 翻开第 179 页，去寻找高雅和低俗。

把自己扔给自己

如果你做的不是你想做的事情，那你在做什么？

你一定在做其他人希望你做、你却不想做的事。去找你真正感兴趣、有趣的事情吧！这样你才能找到自己。

小说家詹姆斯·乔伊斯（James Joyce）一生都在随心所欲地创作，从未妥协。他并不适合传统的学术写作，因此他去训练自己的实验写作能力。他只用自己独特的风格去书写，不去考虑这样的写作风格会获得多少读者和多大的市场。他的作品《尤利西斯》成为现代文学的转折点。文中用虚构的角色展现出未经编辑、无拘无束的意识流，书页里满是长篇的混沌的叙述、生僻的词语和晦涩的暗喻。很多人都认为这是历史上最伟大的一本书。也有些人认为这是历史上最糟糕的一本书，甚至还被封禁了许多年。无论如何，这本小说正是乔伊斯所想的。他完全放任自己，不顾读者和评论家说什么，不为了讨好外界、评论或者销售榜，也没有征服全球的野心。正因为如此，《尤利西斯》意外地成为了永恒的经典。

我们的社会认为工作必须努力而充实。很多我们真正想做的事情——好比跳舞、表演、绘画、写作，都被认为是闲事，因为其过程过于享受。也正因为如此，很多对表演、音乐或者诗歌有真正天分的人未能得到足够的珍视。

我工作坊的一个学生并没有做她真正想做的事情。她在公司的管理部门任职，感觉自己的创造力没有被激发，于是想去市场部做广告。她申请转到市场部，但是一次次被拒绝了。我向她解释，她需要去“做市场”。在那之前她一直在用语言来证明介绍自己，而语言在说出的那一刻便消失了，她需要另找方法去展现它们。我让她去为她的公司做一个广告提案。她想出了内容，写了宣传文稿，拍了照片，连设计版面都全部包办。她展现出了她的特长，这个提案比公司之前做过的所有提案都要好。公司立即把她转到了市场部。他们发现她果然更适合做市场。

如果你能完全放纵自我，那你便能找到最真实的自己。去做你最在意的事情，享受且愉悦。这不仅对你更好，也对所有人更好。如果你满意了，你的满意也会传染给他人。

一个人如果能在清晨醒来，晚上睡去，中间的时候做他所爱的事，那就是成功的人。

——鲍勃·迪伦（Bob Dylan，音乐人）

更 多? 回到第 20 页，跟着罗伯特·德尼罗一起创造你的机会。

使用震慑与敬畏

不规则的锯齿獠牙透过墨绿色的液体正朝我示威。我透过獠牙看到了黑色巨大的可怕食道。它冰冷、漆黑的眼睛盯着我看，而我也盯住它的死亡之脸。

1992年在伦敦的Saatchi艺术馆，那是我第一次看到达米恩·赫斯特的作品《在活人脑中的不可能之死亡》。这是一件划时代的代表作，4.3米长的真鲨鱼被泡在装满福尔马林的巨大玻璃水缸中。观众距离这条成年的鲨鱼张开的大嘴只有几英尺。这给观众一种直接且粗暴、发自本能的体验。眼前的这只鲨鱼让你直面生与死。赫斯特并没有想要画一条鲨鱼，他想要一条真的鲨鱼，一只足够真实到让人恐惧，逼迫观众离开自己的舒适区的真鲨鱼。这件作品探索了我们最大的恐惧，你必须去思考死亡。它没有给你任何选择，你需要去直面你最黑暗的梦魇。

在创意的世界里，为了震撼而震撼是有理的，只要它逼问我们为何而震撼。让别人不再满足于对所有人的讨好。科学家的工作是确认事实，消除疑虑，修正错误。创意的工作是去打扰、质疑和制造不安。创意可以挖掘到更深层的真实，而不只是表面的现实。

当电影公映时，导演一般都会偷偷溜到电影院里去看观众的反应。当1975年斯皮尔伯格的电影《大白鲨》点映时，他吞了颗安定，不安地站在达拉斯的屏幕之后。他在观众和屏幕之间不停切换。当演到甲板上的男孩被杀死这一幕时，前排的男人站了起来，从斯皮尔伯格身旁跑过去，吐了大堂地毯一地，跑到厕所去清洗然后回到座位。“那时我知道观众被击中了。”斯皮尔伯格说。

如果你没考虑到你的用户，你便是在自说自话。商场里的一台自动售货机吸引了大家的目光：里面放的不是饮料罐或者巧克条，而是一排排崭新的子弹。仔细一看，这是真枪实弹。买枪支就像买糖果一样简单。你下意识把钱放在入口处，因为“在南非拥有枪支就像这么简单。你的善款将会捐给枪支管理协会，为了一个无枪的南非”。我们习惯了政府用海报来宣传这些事情，然后逐渐无视。但这个模糊的广告创意却产生了极大的效果。当然你并不能从机器中买到枪支，但你会知道在南非买枪就像我们买巧克力一样简单。

在我们的文化史上，震撼的来源历史悠久。时间的真正价值不是金钱，而是注意力。你需要吸引其他人的注意力才能把信息传递出去。创新的想法总是震撼的。别因其他人的反应而气馁。

> 毋庸置疑的震撼，即便恶心，被作品刺激到也是一种认可。
>
> ——尼古拉斯·塞罗塔
>
> （Nicholas Serota，泰特美术馆总馆长）

更　多？ 翻开第 215 页，去勃起，让别人忘不了你的话。

更　少？ 翻开第 165 页，可怜的拉赫玛尼诺夫会告诉你，有时被认可比我们想象中更久。

隐秘的伟大

如果你觉得被忽视，没人对你做的事情有兴趣，享受这一刻吧。隐秘是一个好的创意环境：你可以尽情去尝试，去失败。没人在看，没人有期待。企业家、设计师、作家和艺术家都在隐秘状态中获得了最大的自由。

科特·柯本（Kurt Cobain）和他的涅槃乐队，创造了经典，百万销量的专辑《Nevermind》，也是历史上最具影响力的专辑。他的成就在今日仍难以企及。他神奇地组合了硬摇滚与迷人的旋律，既有从静到动的强烈转折，又配合柯本原生态焦虑的声音，从发行起到今天听起来都新鲜动人。

在他们录制这张《Nevermind》时，涅槃乐队还完全不出名。在隐秘中，柯本着迷于寻找他自己的声音，或者说创建一种与世界对话的新语言。他尝试了所有想到的吉他与声乐技巧。那段时光他时常忧虑，无家可归，有时还住在桥下。可那又是段令人激动的时光，在没有任何压力下，他发现了要说什么以及如何去说。他可以用全部的时间去实验，去发现他是谁，以及他要表达什么。

在他出名之后，一群人突然缠住了柯本：乐队成员、唱片公司、经纪人、巡回经理、商店、会计师、记者、私人助理和粉丝们。数百个电视台和杂志社等着做专访，都想从他那里分一杯羹。柯本瞬间就怀念起隐秘的生活。在被名气束缚之前，只有他，他只用担心自己。现在，他买了昂贵的公寓大厦，却住在附近的廉价旅店里。他想要去重新找到早些年的自由，他想要去发展、实验、尝试新的想法，但是其他人并不想。他们只想要另一个、又一个、再一个的《Nevermind》。柯本意识到，无名是多么珍贵的一种体验。

隐秘是最迷人的。如果你足够幸运可以隐秘，那么尽情享用吧！如果你是CEO，你所做的每一个决定都要被解读，并仔细核对。如果你没在那么高的位置，放胆去尝试，放胆去失败。成功会带来期待和压力，也有可能会带来更多的伤害而非好处。

> 我害怕失掉我的隐秘。真相就像芹菜，只在夜间茁壮成长。
>
> ——阿道司·赫胥黎（Aldous Huxley，著名英国作家）

翻开第 210 页，如果你喜欢隐秘，你也会喜欢无名。

或者，回到第 37 页，可以考虑把自己作为故事。

如果有些事不需要改进了，去改进它

马丁和爱莉森·艾格伯特（Martin and Allyson Egbert）为了他们孩子的病，四处奔走寻求治疗方案。孩子生来就是畸形足：一种罕见的脚部畸形跛足病。1990年代后期普遍的治疗方案在今天看起来相当粗暴，好几年痛苦的手术让脚布满疤痕和缝合线。或许会有更好的方法？艾格伯特夫妇到处打电话，上网咨询，问问题，做调查。

他们发现一个在1940年代由伊格莱奇奥·庞色提医生（Dr. Ignacio Ponseti）发明却被忽略的治疗方案。庞色提学习了脚部解剖学，研发出一种不用手术的治疗方案：在婴儿年幼、脚型柔软的时候在特定位置固定，绑上石膏。这非常有效，并会给孩子留下完美正常的双脚。

庞色提医生的方案除了明显优势之外，也有临床病例可以证明它的有效性。庞色提医生也遭到了反对的声音：一个手术技巧被转化为了非手术技巧。手术师们有“我们一直这么做”的惯性思维，身为一名手术师的名誉和尊严让他们一直这么做下去。他们以手术技巧为傲，然而现在有人告诉他们手术不是最佳的治疗方法。他们无视这样的声音，继续去切开韧带，拉长跟腱，打开关节，在骨头上钉钉，做出这些难以修复的伤害。每一千个孩子中就有十个经历了这种不必要的痛苦的手术。庞色提医生的处境和其他想要突破的人一样：周围满是拒绝新方法，又忽略他们的人。

艾格伯特夫妇去找已退休的庞色提医生，希望他可以治疗孩子的畸形足。在回家的路上，他们决定建立一个网站，向其他父母解释这种治疗方法。庞色提医生的方法终于被接受了，并改变了成千上万孩子的命运。在医疗专业之外的人反而看得更清，找到了更好的方法。

当所有人都习惯于标准时，需要寻找到更好的方法。我们会因为事情一直是这么做，而进入惯性预设的方法之中。虽然已经习以为常，但我们更应该去扩展，去进步。你必须去挑战，去质问，去试验并测试。无论你用同样的方法做事有多久了，总会有进步的空间。

迭代，就像摩擦力，获得的不是进步而是热能。

——乔治·艾略特（George Eliot，英国作家）

回到第66页，如果没有破，那么打破它。

分享价值观

罗伯特·齐默尔曼（Robert Zimmerman）感觉到被世界隔离。他生在明尼苏达一个叫希宾的小镇上。那边四处无人，没有人和齐默尔曼聊音乐、文学或艺术。没人真正了解他，他的灵魂是孤独的。他知道必须离开那里去认识其他有创意的人，因此他搬到了纽约，一个遍地是企业家、艺术家、作家和音乐家的城市。那是文化中心，一个创新想法的碰撞处。在纽约他受到了现代的影响，世界向他开启了新的窗户——不只是音乐，还有艺术和诗歌。他们一起分享新的吉他和弦，向他介绍先锋诗歌，影响了他的歌词创作。他也把他的名字改为了鲍勃·迪伦，象征着重生。整个气氛促使迪伦去探索他天分的上限。他比以前的任何一刻都更像自己。

一个新朋友给迪伦介绍了伍迪·格思里（Woody Guthrie）的音乐。这对迪伦来说是一个重大的指引，他知道该往何处前行，他也意识到民谣音乐可以是一个重要的思想交流工具。他可以做得更本真，更初心。他改变了世界对于歌手的认知，在迪伦之前，好的歌手需要有传统音乐的基本功。他引领了创作型歌手的新纪元。在那之后，你唱的是什么比你怎么去唱更重要。

如果谢尔盖·拉赫玛尼诺夫（Sergei Rachmaninov）不是为了他的朋友，可能就把事业放弃了。当《交响曲 1 号》第一次演出

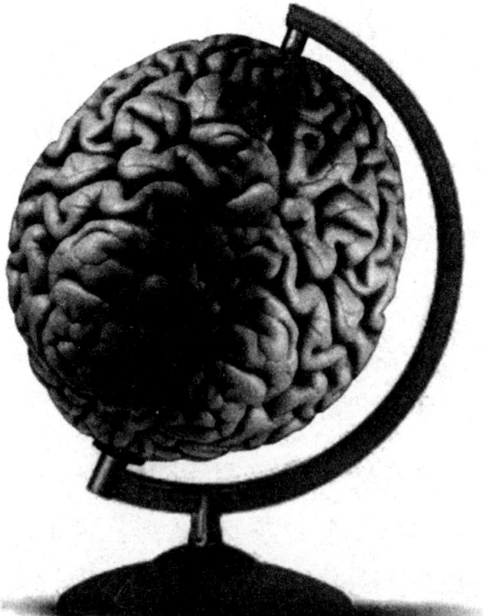

时，遭到评论和公众的厌恶，直接被认为是一场演出事故。这个经历对于年轻的作曲家来说是毁灭性的打击，更摧毁了他的自信心。拉赫马尼诺夫完全失去了作曲的欲望，在接下来的三年里没有谱写任何曲子。

他的朋友想要去守护他脆弱的自信心，让他恢复正常。他们都喜欢他的作品，想要听到更多。他决定开始重新写歌，于是有了《钢琴协奏曲2号》。这首曲子获得了巨大的成功，也重新建立起了拉赫玛尼诺夫的信心。但是他的《交响曲1号》却再也没有演奏或者发布。对他来说，这是个直到去世都难以愈合的创伤。

在二战期间，第一版的《交响曲1号》被偶然间发现并重排演出。这次获得了前所未有的成功，成为20世纪最受敬仰的乐曲。遗憾的是，拉赫玛尼诺夫没有活到那一刻，看到这迟来的荣誉。

找到其他频率跟你一样的人，分享你们的价值观。如果你是个创新思维者，抓住那些挑战你接受范围内的价值观，并能训练你管理能力的机会。对于管理的问题是，你不知道其他人知道什么。专家往往在一个领域内学习，并不一定能用在其他领域中。

最有效地去创建分享文化的方法，是从你所在的层级开始。无论你在领导层级中职位是高还是低，你都可以去改变这一文化。比尔·盖茨称之为“企业IQ”——让公司职员可以在其他人想法的基础上去分享知识的能力。

老板的职责是去鼓励这种文化。“能量不来自隐藏起来的知识，而是来自分享出去的知识。”盖茨说。如果你的公司还没有开始做的话，别坐在那里等你的老板来，由你开始，分享你的知识，创建协同关系。你的收获会比你的投入更多。

> 如果你有知识，让他人从你这里取火。
>
> ——玛格丽特·富勒
>
> （Margaret Fuller，美国女记者 / 批评家）

跟合作相比更喜欢竞争？ 回到第 73 页，去认识历史上最强的创意对手。

在脑中燃起光芒

詹姆斯·乔伊斯和他的女儿露西娅都有心理缺陷。乔伊斯每天每夜都在写作。他把所有的问题都倾注于写作中，把艺术作为自我理解和康复的方法。他是自己的理疗师，也成为自己的思维专家。没有任何一个医生可以比他更能治愈自己。

写作让他的生活得以安定。创意让我们每个人成为自己的医生。乔伊斯看到女儿露西娅进入狂躁状态时，想要拼命拯救。他意识到露西娅的舞蹈生涯不足以治愈她，无法像用写作拯救他自己一样。他鼓励露西娅去画插图，插图也不行的话，去写作。可露西娅始终无法找到一个像乔伊斯那样可以全情投入的事情，最终走进了收容所。

乔伊斯评价说，露西娅继承了他的挑战："我接收到的任何火花或者礼物都会传给露西娅，这会在露西娅的脑里点亮一把火。”乔伊斯的脑里曾有火，是灵感和能量的来源，他点燃了文学世界。露西娅的火没有出口，反而把她烧着了。乔伊斯在困难中找到了机会，露西娅却在机会中看到了困难。

走在行业的前沿最激动人心，也会让弱点完全暴露出来。我们最为讶异惊奇的想法和满足感通常来源于我们思考最深的问题。创意可以让你在头脑的最阴暗处找寻、让步。一个富于创意的人是极度敏感与包容的，因此可以到达更深的低处和更高的高处。我们最大的成就来自战胜我们内心的恶魔，让它们变为有用的天使。感触越深，将之转化为有意义的事情后所获得的享受越大。不经历风雨怎能见彩虹。

> 在深冬，我才知心有无可征服的夏天。
>
> ——阿尔贝特·加缪（法国小说家/剧作家）

更 多？ 回到第 27 页，对悲观保持乐观。

探索如何去探索

缪西亚·普拉达（Miuccia Prada）一直在探索，虽然连她自己也不知道自己在找什么。在接触到时尚之前，她已经历了许多种不同的生活。政治学博士毕业后，她加入了共产党并为女权发声。之后，她在皮卡罗剧场学习了五年默剧，在意大利斯卡拉这样的大型剧院演出。最终，她把所有精力都倾注于她的时尚品牌，给予普拉达与其他时装店相比更为深厚的品牌理念。

因为经典的款式，普拉达获得上千万的销售量，成为时尚大牌。缪西亚·普拉达也已成为专业的服装设计师。此外，她的身份还包括艺术策展人、电影制片人、建筑师、女性主义者、资本家、共产党员。

从她开始，一个现代设计师可以是有权势的人，也可以是电影制片人、策展人、艺术馆馆长，甚至成为和她具有相同视野的创意工作者的吸铁石。缪西亚的店不像一个商店，更像一个有电影、展览、演出的文化场所。

缪西亚选择了时尚，这跟她的左翼女性主义理想比起来既肤浅又微不足道。但她看到了时尚是改变自己最经济实惠的方法，是解放的第一步。“时尚是我们认清自己的方法。”缪西亚说。她的作品在呐喊：“你是谁？有胆自己来找。”这些作品走在一条需要经典，同时具有革命性的钢索上。

缪西亚的工作和生活是无缝的连接。她做她想做的衣服，用衣服表达她的观念。其他的设计师也深受触动，不只是被她的风格，也被她的思考和态度，他们也去传播缪西亚的观念。如果设计师都跟随潮流，那普拉达就是潮流。

不是所有人生来就知道他想做什么。很多人都需要通过尝试和失败来发现他们真正的热爱。在这过程中，即便当时无意识，他们会发现自己的成长。媒体每天都在说谁生来就是网球选手，谁是天生的演员。但当你仔细去了解他们的生活后会发现，是他们的家庭把他们推向网球或者表演。对大多数人来说，发现真正想要做的事情是个折磨人的过程，但绝对值得。

很多人活得没有方向。我们的生活是一条寻找之路，一段自我的旅途。梵高活了30年才发现了绘画。他一直知道自己生来有个使命，却不知这使命是什么。当他开始绘画时，第一次找到了把内在能量释放出来的方式。绘画让他可以更深刻地理解自己。

我们必须一直寻找。每个重要的经验都会调整我们的视角。经验是发生在你身上的事情，只有你可以使用这些经验。

> 我也许并不会去我想要去的地方，但是我最后会到达我的应许之地。
>
> ——道格拉斯·亚当斯
>
> （Douglas Adams，英国作家）

更 多? 回到第 16 页，去认识另一位拒绝遵循规则的服装设计师。

更 少? 回到第 9 页，对于“天赋是上帝的恩赐”这句话，该怪谁?

站出来，你要代表谁？

写一则宣言。可以是行为原则或行动号召，用它表达你的价值观。宣言如同迷路时的指示牌，是一系列用来指导的标准。有些宣言可能没什么意义，又或者自相矛盾，但却捕捉到了可以驱动创意人的灵魂。给自己留言，提醒你对什么最有热情，当迷失的时候看看它。“宣言”之所以称之为“宣言”，是个人目标陈述，是愿景，也是列表，多花点时间来雕琢这句宣言，确认它是最能代表你的一句。

马里内蒂（Marinetti）为未来主义写下了20世纪第一个艺术宣言。它并不像集团或者政党的宣言那样冷漠有逻辑，但却传达了强烈的情感。他的宣言是一系列随机的表述，呼吁未来主义是对过去的拒绝，是速度、暴力和青春的狂欢：那是他们最在意的事情。

诗人特里斯坦·查拉（Tristan Tzara）1918年的达达宣言是狂暴的咆哮："达达没有任何意义"。安德烈·布列顿1924年的《超现实主义起源宣言》称"我们仍活在逻辑的支配之下"，他指责逻辑的至高权力，主张把潜意识作为解决方案。

设计师约翰·梅达（John Maeda）："情感：更多的感情比更少的感情好。"作家列夫·托尔斯泰："即使你比现在富有十倍，也不要改变你的生活方式。"马克·罗斯科、阿道夫·戈特利布（Adolph Gottlieb）和巴内特·纽曼（Barnett Newman）："这个世界没有想象的那么美好，它是常识的极端对立。"

看过了许多公司的宣言后，唯一一个既有趣又有意义的宣言来自苹果：“我们相信，向一千个项目说不，这样我们就可以集中在几个对我们而言真正重要且有意义的事情上。”

整理出一系列你深信的原则，把它作为无价的工具一直使用。宣言是传统的公告，但我们也可以有个人宣言。不要把宣言只作为一个枯燥的道德准则表。把它当作现在的自我与未来自我的联结。站出来的唯一方法，是找到你要代表什么。

> 人们通常会成为那个他想成为的人。
>
> ——圣雄甘地（Mahatma Gandhi）

回到第 118 页，去认识一个比任何人都知道自己代表什么的保守的革命派。

想要成功，什么也别做

伟大的犯罪文学作家雷蒙·钱德勒（Raymond Chandler）每天都会留出4个小时，什么也不做。他有两条基本的原则："1.你不需要写作。2.你不能做其他别的事情，该来的自己会来。"他没有强迫自己去写作，而是强迫自己不去做别的事情。不阅读，不写信，不整理，不打扰自己——完全放空。他发现，如果只是坐在那里什么也不做，便会开始用写作来消磨时间。什么都不做的时候，想象力就会自己飞扬，开始想故事。最终经常是他在那边写了4个小时的文字。

"做事"是一种危险的拖延方式。创意是人脑可控的最难的事情。整理，打扫，组织，回复邮件，上网，做调研，整理文档，策划会议，开会，安排会前会议……其他的日常事务相对都更加容易，因此我们在潜意识的引导下也更习惯去做。

你是想要一套整齐的公寓、一块干净的画布，还是一套脏乱的公寓和一块完成的画布？写这本书让我的熨衣计划拖延了两年。在我们一周7天、每天24小时的文化中，很难让自己暂停或者静止。人们排队等候时，都会都拿出手机刷朋友圈。我们活跃的文化鼓励人们去做事，即便错误或无用，也比什么都不做好。

很多作家喜欢在咖啡厅写作——J.K. 罗琳（J.K. Rowling）的经典语录："这让我远离网络的诱惑。在家则会花无尽的时间用在无用的事情上来充实自己。"

让自己什么都不做。让想法落定。我们需要耐心。跟寻找相比，事情会寻你而来。我们被世俗和日常事务缠身，不停地寻找错误的方向，其实想法和解决方法都在我们心里，有时我们最需要做的事情是我们最想回避的。如果你想要做有创意的事、一些原始的事，那就什么也别做。

> 从未开始做的事情会让人花最久的时间去完成。
>
> ——J.R.R. 托尔金（J.R.R.Tolkien，英国诗人 / 作家 /《霍比特人》《指环王》作者）

受启发？ 回到第127页，找到属于你的节奏，或者翻开第213页，实现工作与生活的完美平衡。

寻找高雅和低俗

我想我见过一个破坏杰夫·昆斯雕像的人。在纽约的傍晚，那个人穿着外科医生的白大褂，戴着有荧光的黄色帽子，动作激烈又暴躁。我应该能观察得更仔细，但我没法不去阻止他。

昆斯的雕像“Puppy”（小狗），是一只用花做成的巨大的西部高地狗。“Puppy”结合了两种既甜蜜又悲伤的主题：花朵和小狗。昆斯说这个华丽的怪物象征着“爱、温暖和幸福”。雕像有40英尺高，23吨的土壤外是钢结构支架，上面有7万朵红色、橙色、白色和粉色的牵牛花、海棠花和菊花。当时雕像还在半施工状态，工人离开后现场无人看护。我看到那个人愤怒的眼神，奋力摇动着那些植物。

Puppy象征美国文化的精神：大，亮，彩色，流行，波普，极度疯狂。艺术爱好者花大量的时间去分析它的背后含义；有些人嘲笑它或者就是单纯喜欢它。Puppy不像其他当代艺术一样去接触观众，得到观众回应。昆斯用这个粗俗低劣的作品去挑战“知识分子”的美学品位。他一直在探索放大粗劣无品位的垃圾，用来刺激在象牙塔顶端、自我又排外的艺术王国的赞助者。这个大体量的雕塑难以被忽视：拙劣粗俗的作品放在世界上最纯净博物馆的门口。Puppy现在被永久地放置在毕尔巴鄂的古根海姆博物馆。

这个疯狂的作品破坏者，毋庸置疑就是杰夫·昆斯自己。他是一个完美主义者，经常工作到很晚，给自己的作品修饰细节。他非常友好地问过我要不要在上面插几朵花。

像昆斯这样的创新思维者在嘲讽“高雅”和“低俗”文化，“好或坏”。他们并不去比较《辛普森家庭》的插曲与一部莎士比亚剧的优劣，而是认为它们各有千秋。就像你听一分钟的Jay Z之后再听米勒的古典乐，其实没有可比性。如果我们忽略“低俗”文化，我们就会失去生活的很大一部分。昆斯模糊了低俗和高雅文化的界限。摇滚从“低俗”文化起源，但是像平克·弗洛伊德（Pink Floyd）这样的乐队却模糊了“高雅”与“低俗”音乐的界限。

“highbrow”（博学）和“lowbrow”（浅薄）这两个词来自19世纪末期起源的颅相学。头颅的形状用来区分智力。一个“高”额头的人被认为是聪明的，而“低”额头被认为是傻的、低智商的。尽管真正的科学质疑了颅相学，但这样的说法仍然被沿用下来。如果你自视甚高，你将无法有创新的想法。摆架子就是自己束缚自己。

就像看到事物通常被忽略的价值一样，创新思维者也会看到被忽略的人的价值，并去发掘每个人的潜力。因为他们知道没有人在创意中可以实现垄断。

1982年时，克雷格·古德（Craig Good）并没有得到社会的认可。他做过很多工作，当时处于失业状态。他申请了皮克斯公共服务部门的门卫工作，主要工作是清扫厕所。“如果你想学习到公司更多的东西”，古德说，“做门卫是个很好的方式。”那时的皮克斯还是卢卡斯电影的一个部门，他们向公司员工开放了一个夜间课程。古德参加了，很快就转到了公司的计算机部门。

古德最终成为了皮克斯的摄影艺术家，并在这个职位上做了30年。他因制作《玩具总动员》《海底总动员》《怪物公司》而出名。古德的职业经历证明了皮克斯并不介意你目前所在的位置，它对每一位员工的潜力都予以充分尊重。

“一个让皮克斯可以成为皮克斯的重要因素，是它的企业文化认为贡献可以来自所有人、每个人。这很罕见，也很重要。”皮克斯副主席潘姆·科尔文（Pam Kerwin）说。皮克斯在影片制作过程中会为大家播放好几次影片，邀请公司的每一个人来观看并提建议。这让每个人都觉得自己的价值被认可。为了构建一个有利的创意环境，人们需要足够自在地去表达自己的观点。很多皮克斯的工作人员都离开了皮克斯自己创业，他们把这种态度带到了创造新的革命性产品和构建充满活力的队伍中。还有不少人涉足非艺术设计领域，比如制造行业、服务行业和零售业；他们证明了，创新思维可以对任何公司有利。

创新思维者无视社会的价值衡量标准。他们不会因大家都觉得一件东西没有价值，就认为这件东西真的没有价值。他们能看清楚本质，并用自己的标准去衡量价值。

> 我们的态度控制我们的生活。态度是一个每天运作24小时的神奇力量，它可好可坏。
>
> 重要的是我们知道如何去控制或利用这巨大的力量。
>
> ——欧文·伯林（Irving Berlin，知名音乐人）

受启发了，不想过早评价？ 回到第150页，去听听世界上最甜蜜的声音。

走到钱中去

15世纪初期，在佛罗伦萨有一次异常的创意大爆发。许多艺术家如雨后春笋般涌现。多纳泰罗（Donatello）、吉贝尔蒂（Ghiberti）、马萨乔（Masaccio）创作出了美术史上许多大师级作品。是他们的创意基因发生突变了吗？

不，是钱。佛罗伦萨因为贸易和制造业，是欧洲最富有的国家。有许多银行家，如美第奇，靠贷款给其他国家赚取的利息来赚钱。美第奇给建造装饰佛罗伦萨的建筑师艺术家们投入了大量的金钱。有钱的资助者投资了所有伟大的艺术作品。艺术家像蜜蜂吸食花蜜一样聚集在了佛罗伦萨。文艺复兴的种子已播下，生根发芽，创造出了我们所知的文明。

创意在有钱的地方兴盛。金钱并不是创新思维者的敌人，而应该是朋友；这不该成为个问题，而该是个机会。创意的头脑应当集中在创意上；担心收入轻则造成干扰，重则削减你的分量。研究显示，梵高画布的大小随着他的收入状况而波动，缺钱会直接导致他的画布缩小。超过5 000名美国艺术家和作家，在这之中包括马克·罗斯科、杰克逊·波洛克，本·沙恩（Ben Shahn）和杰克·凯鲁亚克（Jack Kerouac）都曾受惠于一个在二战期间推广美国文化的项目：美国政府资助的联邦艺术项目（Federal Art Project）。艺术家、音乐家、作家会被资助两年，给他们时间和空间去创作。1980年代，伦敦年轻艺术家的追随者数量巨大，这得力于查尔斯·萨奇（Charles Saatchi）为艺术收藏品的慷慨投资——他也是靠广告行业的爆发而盈利。在17世纪的欧洲，荷兰曾是最有钱的国家，在黄金时代有大量的荷兰画作，比如弗兰

斯·哈尔斯（Frans Hals）、维米尔（Vermeer）、扬·斯蒂恩（Jan Steen）和伦勃朗。艺术史无法与金钱史相分割。

有些人为赚钱而工作，有些人因为热爱而工作。财富的用途之一便是支持创意。有钱人用金钱去买画、汽车、房子、游艇、剧场票、音乐这些由创意人所创作出来的东西。他们用行动支持了创意人，可以让他们继续完成作品。

艺术家通常羞于谈论钱，因为谈钱不酷。但财富让一切可行，对创意来说如同燃料。“每当我听到文化一词，我都会拿出我的支票。”让·吕克·戈达尔（Jean-Luc Godard）的电影《蔑视》（*Contempt*）中一个角色开玩笑道。为钱担忧是个浪费时间和精力的事情。几乎所有成功的作家、艺术家或创意人都不会与金钱为敌。就算他们不擅长数字，也会雇人管理他们的财务。

> **如果只是因为经济原因的话，有钱当然比贫穷要好。**
>
> ——伍迪·艾伦
>
> （Woody Allen，导演 / 演员）

抓到了要点？ 翻开第 258 页，去学习一下如何在衰退中繁荣。

想什么很重要

很多企业家最好的想法都来自梦中。伊莱亚斯·豪（Elias Howe）被认为是现代缝纫机的发明者，因为他革命性地把针眼定位在了针尖。

豪的家人讲述了他是怎么有这个想法的。他最初把针眼定位在传统的针头位置，但是并不可行。有一晚他梦到自己在一个奇怪的国家被一个严酷的国王要求去设计一台缝纫机。国王给了他24小时的期限，否则会被处死。他在梦中就像在现实中一样，挣扎于针眼的位置，但一直也没能办到。就在要被拖出去实施绞刑的时候，他发现了士兵的长矛尖部有孔，解决方法自然而来。那一刻是清晨的4点钟，他猛地惊醒，从床上蹦起来跑到工作室，做出一根针尖有针眼的针。

心理学家西格蒙德·弗洛伊德（Sigmund Freud）在《论创造力与无意识》中分析了创意的头脑。弗洛伊德相信孩子用玩耍去表达我们的创意和想象力，儿时的我们与他人自由分享我们的感受和最自然的幻想。成人之后我们会变得严肃而有责任，把幻想的游戏转换为白日梦。梦是一条可以走向想法和解决方法之路。

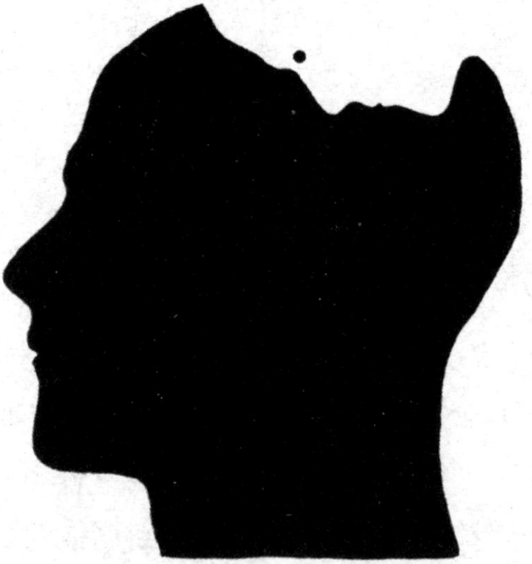

员工在办公室里做着白日梦，这可能是他们一天中做的最重要的事情。很多创意人会梦到他们的产品或服务。潜意识是创意或灵感的一个来源；它把我们从逻辑化、实际的思维范畴中解放出来。伟大的创新思维者能抓住脑海深处浮现的独特和意外——

但是我们必须去留意它们。我们头脑里的意识每日被烦琐的日常事务所占据，无法去发现伟大的想法。

在开车、洗澡或做其他不用动脑的事情时，想法会自然来到我们身边。当我们不努力去想时，思维的牢笼被打开，想法朝着不可预期的方向飞，通常会获得意料之外的结局。萨尔瓦多·达利梦到一只手上爬满了上百只蚂蚁。电影导演路易斯·布努埃尔（Luis Buñuel）梦到一朵云从月亮上飘过就像剃须刀划过眼睛。他们俩把这两个意象结合在一部叫《一条安达鲁狗》的电影中，成为电影史上最令人难以忘记的画面。理查德·瓦格纳（Richard Wagner）梦到了莱茵的黄金序曲，刘易斯·卡罗尔（Lewis Carroll）的《爱丽丝梦游仙境》也是他的潜意识之旅。

在梦中，你的思维处于潜意识状态。即便你毫不知情，在梦中仍在思考你在清醒状态时所思考的问题。处于潜意识状态有很大的好处，合理性并不会去甄别那些不寻常或不合理的想法。我们奇怪的想法，那些通常会被逻辑思维所拒绝的想法，在梦中会有机会生长。你清醒时的想法会跟随着你学习的规则，你的想法是线性的，并且也会运行于熟悉可预知的路线上。在潜意识中，疯狂的想法才能被发现，指引到特别的结果。

人人都会做白日梦，这是在我们身上很自然的事情，无法回避。我们的思维四处飘荡，在你探索潜意识时，需要把想法和内容的优势放大。试着把逻辑和实际的想法扔到一边，向更深处挖掘。要探寻的创意在你大脑皮层的表面之下，你需要想法去打破这个表面。挖掘的越多，发现的越多。

> 世界需要梦想者，世界需要实干家。最重要的是，世界需要实干的梦想家。
>
> ——莎拉·本·布兰纳克（Sarah Ban Breathnach，畅销书作者/著名女性作家）

想做梦？ 翻开第 264 页，跟着安徒生摆脱思想。

已经有了好想法？ 回到第 96 页，让它实现。

期待失望

在贝多芬年幼时，希望以音乐家的身份赚钱为生，结婚，过正常的生活。他在近30岁时终于获得了成功，却没有了听觉。这是他人生的最低谷，他一度陷入了重度抑郁。在一封信里他写道：“我生命中最美好的时光已逝，却未能完成我天赋和能量应有的期望。”6个月后，贝多芬发出了生命的怒吼：“不！我不能容忍！我要扼住命运的咽喉，它绝不能使我屈服。”由此他开始攀登音乐事业的高峰。

贝多芬将失聪转换为积极的力量。他找到一个可以谱写悲恸而美丽乐曲的方法。逆境让他找到自己。他需要与他的气愤与挫折妥协。他的音乐传达了自我反思和自我认知，他用他的乐曲去更深地了解自己。贝多芬的音乐是他自我疗愈的力量，也帮助我们去治愈自己的伤口。

贝多芬的作品像是一部自传，探索了他命运多舛的一生：他与我们用一个国际化的、积极的语言交流。他的钢琴奏鸣曲——《乐曲110号》讲述了他战胜耳聋的故事。贝多芬安慰我们说，即便一切支离破碎，我们仍有《月光奏鸣曲》。如果你思想蓬勃，那么有《第九交响乐》。在《第五交响乐》中有挣扎和胜利，在《英雄交响曲》中有英雄主义。音乐，尤其是钢琴，是他讲述自己的故事的方式。贝多芬用他战胜坎坷的故事告诉我们，我们也可以做到。

当你感觉处于最低谷时，当所有事情都已经变得糟糕透了时，把这当作重新开始的最好时机。我们从失望中比从成功中学到的更多。很多我们战胜的困难会让我们增强信心，无所畏惧。当我们回应所面临的危机时，内心也会更勇敢。痛苦是不可避免的，我们都经历过失去与心碎；但是伟大的创意人如贝多芬却向我们证明了，你无须去忍受。

接到命运给你的卡片后，你仍有时间去打败它。事情对于那些能自我转向的人来说，总能得到好的结果。贝多芬战胜了表面看起来无法克服的困难——失聪，没有让这些摧毁自己。一个创意人总有想法、野心、热情和记忆来支持自己。

> 一切的不幸都是通往幸福的垫脚石。
>
> ——亨利·大卫·梭罗（美国作家）

感觉受限？ 翻开第 267 页，把这转变为你的优势。

用感受去思考

老师递给我们牙签和半干的豆子，让我们做建筑模型。孩子们在街上看惯了林立的高楼，于是开始做方块体。一个视力不太好的男孩却只能通过触摸去识别，他发现三角形（或者四面体）比方形脆弱的结构更加稳固。他很快地建出了复杂的网格结构。因为三角形的坚固性，他的模型要比其他同学都大且精致。老师很惊讶，叫其他同学都来看这个独特的结构。这个男孩也很是吃惊于其他人会这样惊讶——因为这对他来说很自然。他视力不够好，看不见像盒子一样的房屋、窗户和门框。他只是通过触摸，却实现了更好的结果。

20年后，这个男孩把他儿时的结构发展成为美丽精巧的网格状穹顶。基于简单的几何形状，建造出一个非常坚固且不需要内

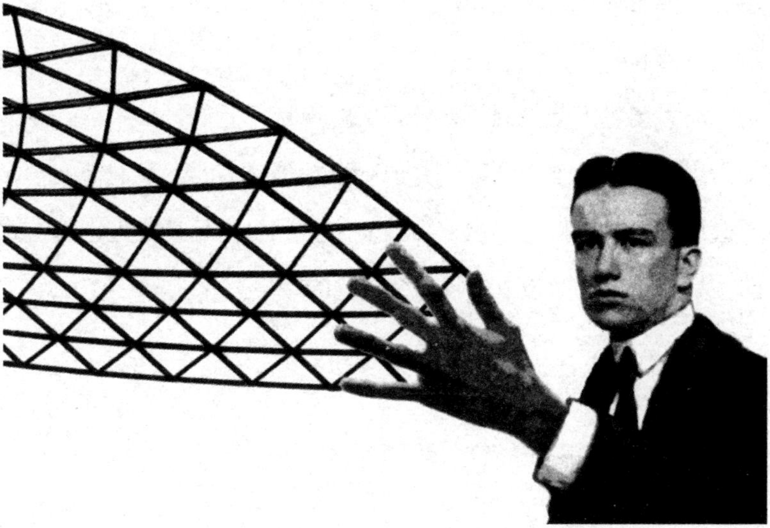

在支撑的结构，并能营造出巨大的空间。它很容易搭建，也节约运输成本。现在世界上有成百上千这样的结构。这个男孩就是巴克敏斯特·富勒（Buckminster Fuller），极具影响力的美国建筑师、设计师、发明家。他在幼儿园时的搭模型事件让整个世界变得不同。他的视野从根本上就与其他人不同。

我们认为通过思考就能得到答案。我们一直在努力想解决方案，用智囊团、头脑风暴的方法去思考，用我们的方法想出来。我们习惯于把重心放在思考上而忽略了感受。思考可以是一个陷阱。我们的很多想法和知识都源自我们的文化、学校和家长。我们被教导如何去思考，思考什么。但是任何创意人都会告诉你，思考只能带你到这么远。思考是必需的，但我们却让思考损害了我们的感知。

很多创意人都找到了自己真实的视角，他们可以用自己的感知去思考。大脑会捉弄我们，但感受却是真实的。我们都被教导要选择一条受尊重的、被社会接受的、容易走且其他人也都走的路。其实，我们应该去寻找适合自己的路。

> 宁可没有逻辑，也不要没有感觉。
>
> ——夏洛蒂·勃朗特（英国作家／诗人）

还是想很多? 翻开第 225 页，反驳你自己。

给秩序带来混乱

在西班牙毕尔巴鄂古根海姆博物馆里处处都是惊喜。它外部的墙体覆着钛合金板的不规则双曲面，营造出闪亮的失重感。外墙面随着日光入射角的变化，建筑的各个表面都会产生不断变动的光影效果，如同闪闪发光的鱼鳞。内部创造出以往任何垂直空间都不具备的、打破简单几何秩序性的强劲冲击力，曲面层叠起伏、奔涌向上，光影倾泻到中庭，直透人心。侧墙用横向波动来呼应河水的水平流动感，营造出奇妙的光影效果。整个建筑物设计大胆，很像车祸现场，那对它来说是种称赞。变形的曲面结构营造出动态与意外的冲突。金属与石材的碰撞，人造与自然的结合，共同组成了这独一无二的造型。古根海姆博物馆是一座阐述混乱压倒秩序的经典建筑，在里面行走会感受到建筑带给人的激动与能量。

弗兰克·盖里的建筑向来以前卫、大胆著称，其反叛性的设计风格不仅颠覆了几乎全部经典建筑美学原则，更挑战人们既定的建筑价值观和被束缚的想象力。他的很多作品都采取拼贴、混杂、并置、错位、模糊边界、去中心化、非等级化、无向度性等各种手段。古根海姆博物馆的设计震动了建筑界，并撼动了关于建筑核心的思考。1997年落成开幕后，它迅速成为欧洲最负盛名的建筑圣地与艺术殿堂，更极大地提升了毕尔巴鄂市这个曾不知名的西班牙小城的文化品位与经济收入。

古根海姆博物馆的成功源于盖里的坚持，他认为建筑师应当控制整个建造过程。在实际建造时，艺术美学通常被忽略，而实用性会作为主导。这对古根海姆博物馆的建设来说，没有妥协的余地。整个建筑产业都给设计师压力，需要提供建筑蓝图，而盖里无视这些惯例，他认为图纸里的精准和细节会毁掉创意性。过往的建筑师需要有实际性的思考，而实际性思考会带来传统与可预知。被请来建造古根海姆博物馆的建筑工人看到的只是盖里做的一个小模型，他们需要根据建筑师的模型再次去进行测量。这样带来的结果正是盖里喜欢的不精准。没有精确的计划让整个建造的过程充满混乱，工人们需要去解决问题，想出新的建筑技巧。这也是古根海姆博物馆可以成为如此惊人的一道风景的原因所在，建筑这一已凝固了数千年的乐章又重新流动起来，奏出令人耳目一新的声响。

那为什么我们的文化还要遵循秩序与规则呢？从1960年代开始，很多城市建筑都严格遵循包豪斯运动定下的严格规则，重点在于合理性和功能性。我们身边都是不人性化的几何形城市、直角盒子和网格系统。这个城市让人们的行为越来越像机器，从盒子一样的建筑中出来，走到盒子一样的屋子里，再把个人物品收纳到更小的盒子里。我们的办公室和工作室影响了我们的行为，要求秩序井然的正统观念摧毁了创意的精神。

有秩序的环境促使我们去有秩序地思考。创新思维是非传统的思考，在没有秩序的环境下更加活跃。2013年由明尼苏达大学卡尔森管理学院的福斯（Vohs）、雷登（Redden）和罗莱（Rahinel）所做的一项研究显示，在杂乱的房间中，创造性比在整洁的环境中更强。

这座混乱的西班牙建筑公然挑战传统认知。它就如同我们的工作台，一个混乱的工作环境可以更有生产力。混乱的组织要比一个良好的组织更有创意。不要相信秩序，它会成为我们的限制和约束。

如果一张混乱的桌子代表头脑混乱，那么，一张空桌子代表什么？

——爱因斯坦

有启发？ 翻开第 243 页，找到你解决问题的即兴方法。

没启发？ 翻开第 239 页，看一个更有方法论的创意。

取你所需

斯坦福大学的一个学生发现了约翰·契弗（John Cheever）的小故事。他决定逐字逐句地打出来。他穿着契弗的鞋子，去感受“书写”它们是什么感觉。不像达·芬奇要解剖一颗心脏来理解事情如何运作，这位学生要走进契弗的内心。这位日后成为了多产的小说家的伊桑·坎宁（Ethan Canin），以他的小说为基础改编拍摄了四部好莱坞影片。“这很有趣，因为你在学习。”坎宁说，“简单来说，契弗的段落要比你自己写的长得多。他的句子很长，他把很多事推得更远，因此我也能推得更远”。为了“推得更远”，坎宁在写作中学会了更极端。他学习了契弗的技巧，然后他学习了契弗的思维，学习他怎样去思考这个世界。人类不是复印机，坎宁无法精准地去模仿契弗。当他无法拷贝契弗时，他开始了原创。从这时起他变得不同，而不同让他卓越。你可以去借面粉，但你需要用面粉去烤自己的面包。

拷贝如果作为练习，和抄袭是不同的。如果你在别人画的一幅画上签上自己的名字，或者你剽窃了别人的作品，那是抄袭。每个人都有影响力。伟大的艺术家常聚在同一区域，因为这样他们可以向彼此学习。雅克 · 利普兹（Jacques Lipchitz）说："我记得那天胡安 · 格里斯告诉我他看到了毕加索画的一串葡萄。第二天我就在格里斯的画里看到了那些葡萄，这次是在碗里；然而几天之后，那个碗又出现在毕加索的画里。"

很多人有创作的欲望，却没有内容。他们没有想法，即使有也不知道如何去表达。所以要把雪球滚起来，让他们去拷贝其他创意人的想法。有何不可呢？这是一个起点。对于没有创意的人来说，拷贝被误读了。我们的许多行为来自观察与模仿他人，尤其是像走路、说话这些基本的能力。之后，我们去练习哲学家阿尔伯特 · 班杜拉（Albert Bandura）所说的"模仿"（modelling）。如果我们的朋友抽烟，我们很有可能也抽烟；如果朋友吃多了，我们也可能会吃多。你成为那些你所模仿的人。所以一定要选好你要去模仿的创意人。

有创意的秘诀之一是去了解并理解其他人的天赋，然后为你所用重新创作。伦勃朗曾是一名学徒，但是之后他开始全部原创自己的画作。他师从大师，逐渐形成了自己独特的视觉风格。当你看到你崇拜的一个作品，去科学地分析、探寻到底是什么让它优秀。是风格，还是内容？抑或创作者的人格？你需要大大方方地从任何地方获取技巧和想法。

> 机会倾向于那些联结着的头脑。
>
> ——史蒂文·约翰逊（Steven Johnson，作家）

想要异花传粉？ 翻开第 251 页。

想要坚持做完全的原创？ 回到第 142 页，用你自己的故事让自己惊奇。

重做，重做，再重做

作词作曲家史蒂芬·桑德海姆（Stephen Sondheim）失败过。当他的百老汇音乐剧《欢乐岁月》（*Merrily We Roll Along*）开演时，评论相当负面，只演出了16场。观众看不懂故事。这对他来说是一个打击，他写过很多优秀的音乐剧作品，包括《西区故事》（*West Side Story*），获得了学院奖和格莱美奖，没有哪个奖他没拿过。他将如何面对这次失败？

桑德海姆一次次修改这部作品。几年后这部音乐剧得以在舞台重新演出，其中许多的歌曲被替换成了新的版本。每次重新演出时他都会再次修改，加入新的歌曲。桑德海姆相信他在音乐剧领域的能力，相信他的原始想法，同时重新更改了那些观众无法理解的、有疑问的部分。最终这部作品在伦敦演出，并重新回到了百老汇。虽然这部剧糟糕面世，但10年后终于获得了积极的评价。

第一束灵感的火花通常需要反复审视和修改。欧内斯特·海明威说："写《永别了，武器》的结尾时，最后一页，我一直写了39遍才满意。"这也就是说，他之前写的38稿全被丢弃。他一直用斧头砍作品，并重建。创意人享受修改的过程：删掉多余的词语，病句或注释，直到整个作品呈现出最恰当的节奏，像一台调试到完美状态的机器。很多人都会在修改的过程中寻求帮助。T.S.艾略特说，埃兹拉·庞德（Ezra Pound）为他重要的诗歌《荒原》（*The Wasted Land*）提出了许多宝贵的修改意见。在原始手稿中，庞德给了好几处标注，如"韵文不够精彩"。没有庞德的帮助，这首诗不会如此经典。

很多作品的初稿在成型之前都被丢弃了。当出版日临近，《指环王》的作者J.R.R.托尔金仍然在不断地修改，反复思考，润色他的手稿。托尔金在和出版社的反复交流中如果又有了新的想法，他会彻底重写。出版社期待收到定稿，但却总是收到又一个新的作品的第一版。大卫·赫伯特·劳伦斯（D.H.Lawrence）在书出版前，三次从头至尾重写了《查泰莱夫人的情人》。同样地，毕加索知名的作品、巨型油画《格尔尼卡》被认为是一个灵感的火花，代表他从蓝色状态中离开。传说是毕加索在西班牙内战期间，听到了格尔尼卡小镇传来的爆炸声，他用直觉来回应：在画中通过视觉描绘战争对于男人和女人毁灭性的、混乱的影响，尤其是对于公民的生活和社区。但是有件事很少有人知道，在毕加索开始画《格尔尼卡》的油画时，他画了43个草稿。绘画过程的记录档案中显示出很多层的覆盖与调整，许多彻底的修改。最终作品花了几周的时间去绘制。

艺术家、作家和其他的创意人通常在寻找的过程中发现他们最想表达的内容。作曲家、作家、艺术家的作品第一版通常是有启示作用的，因为它们可以展现颠覆性的修改。准备好持续性的重新审视与思考。

> 你不一定每天都能写好，你可以去修改写坏的一页，而你无法修改一个空白页。
>
> ——朱迪·皮考特
>
> （Jodi Picoult，《死亡约定》作者）

更 多? 回到第 23 页，去认识一个并没有看起来那么轻松的四重奏。

更 少? 回到第 60 页，学会舍得。

对好奇心保持好奇

艾瑞克·布莱尔（Eric Blair）故意犯罪让自己被拘留，这样他就可以在监狱里过圣诞。他想知道监狱是什么样的。很可惜，当局认为他的行为还不够严重，因此释放了他。布莱尔一直好奇社会底层在过什么样的生活。他出生于一个精英、富裕、上层的家庭中，受教育于伦敦最好的伊顿公学。于是他开始衣衫褴褛地在伦敦、巴黎与流浪汉和无家可归的人住在一起。对他来说，读关于贫穷的书还不够，他想要去亲自体验。他没带钱，也没穿足够御寒的衣物。他想要体验真正的饥饿、寒冷与绝望。

布莱尔的经历被记录在了《巴黎与伦敦的地下生活》一书中，是他在社会边缘写下的最鲜活的故事。虽然他描绘出了细节中的肮脏与堕落，却引发了惊人与揭示性的结果。他把不寻常的生活讲出来，更讲出这些被社会忽略的人们的智慧和应对方式。他挑战他的偏见，发展他的好奇心，这成为他写作的灵感来源。他把他的名字改成了乔治·奥威尔（George Orwell），这样他的家人和朋友就可以忽略他是谁，他也得以专注地写出20世纪经典的小说，包括《1984》和《动物庄园》。

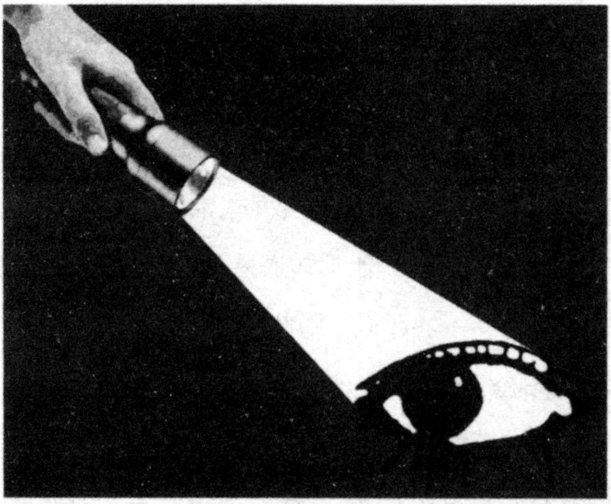

未来属于那些好奇的人。好奇心让我们鲜活，让我们充满疑问，从而想要去寻找。我们的想象力被点亮，发现了隐藏的世界。好奇心是成就的动力，驱使我们继续追问，继续发现，继续突破。就像爱因斯坦的名言："我没有特殊的天赋。我只是极度的好奇。"

好奇的人会探寻事件表面背后的真实，也就是事情的真相。他们会问不同的问题。爱因斯坦还说：“不要停止发问。好奇心有它存在的理由。当一个人对永恒的奥秘、生命或者现实的奇特结构陷入沉思时，我们不得不对他心生敬畏。如果一个人每天去理解一点点奥秘，就已足够。”对一个主题的研究很重要，但是有创意的人会开展有创意的研究。我们可以决定好奇，我们可以去认识需求，然后培养它。好奇心会更新旧的思想，带来新的视角。

> 好奇心治愈无聊。好奇心无法被治愈。
>
> ——多罗西 · 帕克（Dorothy Parker，诗人）

好奇心没被充分满足？ 翻开第 261 页，把自己投身于未来。

变成无名氏

当J.K.罗琳成为畅销书冠军时，她透露《布谷鸟之歌》是她以罗伯特·加尔布雷斯（Robert Galbraith）为化名写的，又一次震惊了出版圈。“我本想让这个秘密藏得更久，因为能当罗伯特·加尔布雷斯对我是一种释放。”阿加莎·克里斯蒂（Agatha Christie）用本名写了66篇成功的侦探小说，她想要扔掉声名的包袱去尝试新的类型，于是取了一个化名玛丽·维斯马克特（Mary Westmacott）。很多小说家都想要尝试新的创作类型。约翰·班维尔（John Banville）在2005年作为严肃文学作家获得了“人民出版奖”（Man Booked Prize），他同时也用本杰明·布莱克（Banjamin Black）的名字来隐藏身份写犯罪小说。另一位“人民出版奖”获得者朱利安·班恩斯（Julian Barnes）用丹·卡瓦纳

（Dan Kavanagh）的名字写惊悚小说。一个化名可以挣脱名气的镣铐，给予他们足够的自由去写作，同时他们也可以去探索那些平时没被严肃对待的文学类型。

罗伯特·唐尼（Robert Towne）是好莱坞的传奇编剧。他参与了经典电影如《雌雄大盗》和《教父》的幕后工作，但却没能署名。他指导了杰里米·拉纳（Jeremy Larner），后者因为《候选人》而获得了奥斯卡奖，“没有唐尼我写不出这部作品。”拉纳说。唐尼有时会被邀请来写剧本并署名，但通常是几个月过去了，剧本还一点没动。当唐尼以无名状态工作时，他工作得很自由，效率也极高。当他知道要在剧本上署名时，会被他的作家包袱束缚住手脚。他一再地重写重写，甚至手稿都没有一个结尾。后来他给了自己一个最后期限，却还是无法完成，只能放弃那项目。在做了好几年《泰山王子》后，唐尼醒悟了，以他的狗P.H. 瓦扎克（P.H. Vazak）署名。之后瓦扎克成为了历史上第一只被学院奖提名的狗。

有时把你的自负放在盒子里、扔在床底下并不是件坏事。无名让你拥有自由。我们生活在一个做任何事情都要署名的文化背景下。很多作家都用化名来写作，这样可以让他们做更多尝试，也允许出现更多错误。不需要署名，他们只是单纯地享受写作。

如果我们不是出于责任而做的话，那么我们就是为自由而做。不要被自负困住，去尝试平时没有勇气去做的事。用无名的状态工作，会让我们无须顾忌他人的期望，更重要的是无须顾忌自己的期望。

> 那些游荡在街头的无名氏最知道世界发生了什么，最懂创作。走到他们中间去。
>
> ——辛蒂·罗波（Cyndi Lauper，歌手）

还在被自尊困扰？ 翻开第 264 页，离开你自己；或者回到第 159 页，提醒自己隐秘的快乐。

实现工作与生活的完美平衡

想要实现工作与生活的完美平衡就什么工作也不要做。如果你的工作和生活是在完全不同的领域，那就不太好了。优秀的画家、诗人、舞者、艺术家、企业家和创意人都选择一种生活方式，然后去思考通过这种生活方式能否维持生计。他们选择一种令自己满足的生活，而不是去满足社会的期待。当他们享受写作、绘画、舞蹈时，并不想做其他的事，只做真正属于自己的事情。

亨特·斯托克顿·汤普森（Hunter S. Thompson），二战后“垮掉的一代”的代表人物，他想把一生献身于写作，所以选择成为新闻人、小说作家，代表作如《赌城风情画》（*Fear and Loathing in Las Vegas*）。汤普森一生并不富裕，也不窘迫，他用最适合自己的生活方式活着，成为了自己最想成为的人。在他去世后，按照遗愿，人们把他的骨灰填进炮膛，成为一颗响彻世界的炮弹。

汤普森在信中给一位朋友建议：“在我看来，一个人必须选择一条路，可以让他的能力最大限度去满足他的欲望。简而言之，他无须毕生致力于达到一个预定的目标，而去选择一种给自己带来享受的生活方式。”汤普森做到了。他有时需要通过写新闻稿来勉强维持生活，但他相信写作对他而言是最重要的事。

创意人的工作和生活是合二为一、不可分割的。一切都是他们的工作。并没有“平衡”一说，因为二者紧紧相连。一旦你的生活和工作朝着不同的方向前进，你便陷入了一种精神分裂的生活状态。如果你不想上班，更想要放假——那么从现在开始你就要改变你的生活了。

> **如果你想要平衡工作和娱乐，别。你该让你的工作更快乐。**
>
> ——唐纳德·特朗普（Donald Trump，美国地产大亨/现任美国总统）

有启发? 回到第127页，把你的生物钟调成你的时间。

让别人忘不了你的话

著名生理学家吉尔斯·布林德利（Giles Brindley）创造出了一种新的方式来传达他的想法。观众永远不会忘记1983年他在拉斯维加斯美国泌尿学会会议上的那场讲座，它的影响力让之后许多年的发言者都望尘莫及。《纽约时报》评论说，布林德利开启了“第二次性革命”。他的这场讲座也被认为是10年后“伟哥”诞生的催化剂。

布林德利的讲座在一个官方正式晚宴前举办，与会的嘉宾都是显赫的医生和他们盛装的妻子。布林德利上台，开始论述他的观点：在阴茎上注射药物是可以引发勃起的，而在那之前很少有人了解勃起相关的生物学理论。政客和足球明星谈论他们的勃起功能障碍和“伟哥”的出现，已是很多年之后的事情了。

因为没有合适的动物作为实验测试原型，布林德利决定在自己身上做实验。他展示了他阴茎不同肿大程度的图片，震惊了在场观众。他解释说这是一个很有效的方法，单剂量的注射便可让其勃起数小时。

布林德利担心怀疑论者会质疑他是否通过色情刺激而达到这样的结果。这个专家想要用最有效的方式解释这件事，于是他在讲座前给自己注射了一针。他说没有人会在这么多观众前、这么大型的讲座台上被色情刺激，所以他把裤子脱下来展示他那昂然勃起的阴茎。讲座现场瞬间鸦雀无声，大家都屏住呼吸。布林德利接着说，“我现在要让一些观众感受一下肿胀的程度。”他走到了第一排被吓坏的观众前，现场的女士们花容失色、大声尖叫。这样的尖叫似乎也吓到了布林德利教授（布林德利教授后因其在

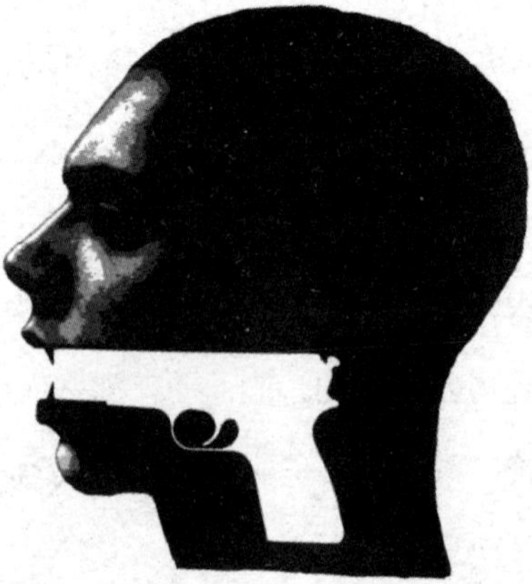

生物工程研究方面的突出贡献被授予骑士身份），他快速地提起裤子，回到舞台，结束了讲座。观众目瞪口呆，悄然退场。

布林德利的这场讲座彻底改变了男士的健康。这是一个革命性的话题，他证明了勃起可以在没有任何情感或色情刺激的情况下发生，可以通过纯物理的方式达到。更重要的是，他找到了一个创新的方法来影响医学界。

一个独创的思考者如同新大陆的探险家。他们用一种独特的方式去传递信息，使之难以忘记。如果你的想法足够有趣，那么重要的是让人们记住。通常那些改变我们想法的人，是那些敢于简单、直接说出他们想法的人。所以，扔掉地图吧，你需要拥有往前迈出一步的勇气。

> 一旦有些事成为了记忆，它便成为你生活的一部分。对我来说，这便是创意的根基。
>
> ——马友友（小提琴家）

更 多？ 翻开第 249 页，学着像乔纳森·斯威夫特那样令人讨厌。

更 少？ 回到第 50 页，了解在公开讲座时裸体的负面效果。

别去体验，成为实验本身

披头士乐队是那个年代最具影响力的文化符号，因为他们敢于不断尝试。披头士寻找新的音乐制作方法，每张专辑都在探索新的音乐领域，当他们描述起在录音室工作的情景，听起来更像在一个音响实验室。他们永远接受新的刺激并应用在音乐中。保罗·麦卡特尼这样解释他们的录音哲学："我们会说，去试，放胆去试。就算听起来糟糕，没关系，我们不用就好。但也很有可能会很好。"我们总会把自己再往前推一步：声音再大些，深邃些，延长一些，带来更多的不同。他们也试着把不同的音乐类型融合在一起。他们是在《I Feel Fine》中使用反馈杂音（feedback），在《revolver》中使用锡塔尔琴和印度音乐曲风，在《yesterday》中使用弦乐四重奏的第一个摇滚乐队。披头士喜欢技术，他们使用合成的双轨，声学仪器的近距离收音，取样，直接入轨，同步录音机，磁带倒放。这些尝试让他们的音乐具有多个维度，使声响听起来更深沉而有层次。

列侬和麦卡特尼之所以是历史上最成功的音乐合作伙伴，是因为他们一直在用不同的方法使对方的音乐更好。有时他们会把个人创作的未完成的曲子组合在一起，形成一首完整的歌曲（如《a day in the life》）。有时他们会给对方的歌曲在副歌或某章节里加入一个中八小节。列侬描述其为“面对面创作”（writing eyeball to eyeball）。他们营造出了一种可以在对方歌曲中尽情尝试的自由气氛。当你听他们在录音棚里的原始磁带，会听到他们在对方的歌曲中加入笑话，改动歌词，以及发出的各种奇怪声响。

实验性思考的关键在于让思维可以对奇特的想法习以为常。这需要巨大的努力，只有到最后才加入对于实际性、法律性、道德性的判断。我们的文化教导我们去忽略那些看似疯狂、不切实际的想法，而去进行更省时轻松、逻辑化的思考。我们需要抑制冲动，年轻时可以很自然地疯狂思考，随着年龄的增长，我们越来越理性。

与在保证安全下的成功相比，实验失败则有趣得多。当我还是皇家艺术学院学生的时候，一个坐在我旁边的学生在抽屉里发现了一幅画在废纸后面的画。他喜欢这幅画的一部分，所以他把它剪成一片一片的，按照新的排列重新粘贴，看起来比之前的画有趣得多。我走近去看，发现了碎片后手写的字，其中一个碎片上签着这位学生的名字"David Hockney"（大卫·霍克尼）。这个学生把一幅旧画改得更好，但是却让价值上千元的画变得一文不值。这个故事告诉我们什么？有时去实验也会有不好的一面：不是所有实验都能成功。进入到实验模式，你也需要接受可能无果的尝试，甚至可能是灾难。没有办法提前知道哪个有用、哪个没用，但即便是失败的尝试也会教给你新的东西。

我们都会面临许多困难，一个实验性的尝试可以导引到不同寻常的、最原始的解决方法上去。创新思维者会把他们的工作室、办公室看作是一个可以进行实验的场所、一个实验室。创意组织会持续地进行实验，以保证它们永远有最活跃新鲜的思维。

实验的本质之一就是有时会失败。如果你在尝试新的事情，很有可能不会成功。但是当一切都进展得太顺利，就表明你还实验得不够。

> 我对实验的兴趣比对完成要大得多。
>
> ——奥逊·威尔斯（Orson Welles，导演/演员，代表作《公民凯恩》）

同　意？ 回到第 55 页，去打破常规。

不同意？ 回到第 162 页，找一个不需要改进的东西，去改进它。

不要再失去机会

你已经失去了多少机会？我认识太多机会在眼前却丢掉了的人。他们对此无动于衷，觉得还会有下一个机会，然后是再下一个。但是没有，那往往是唯一的机会，他们就这样让机会擦身而过。回顾起来，会痛苦地懊悔。机会罕见，稍纵即逝。

知名的好莱坞演员、导演和制片人沃伦·比蒂（Warren Beatty）曾被提名第15届学院奖，也曾获得最佳导演奖。他最知名的角色是《雌雄大盗》中饰演的角色克莱德·巴罗（Clyde Barrow）。在1964年，他决定拍一部电影，把所有他有机会却未曾演出的角色组合起来，拍成了《风流绅士》。影片表现的是一个在情场无往而不利的男人想对未婚妻守节的荒诞情节，演绎了一场讽刺喜剧。

比蒂找到一个制片人，他们开始构思剧本，很快就意识到他们需要一个很会写笑话的人。在纽约“The Bitter End”俱乐部里，他们发现了一个表演脱口秀的年轻人，名叫伍迪·艾伦。脱口秀太逗了，于是他们给他开出3万美元一周的薪资，让他往剧本里加入笑话。艾伦提价到4万一周，被拒绝了。艾伦说3万一周可以，但要出镜演出。谈妥。

艾伦开始工作。一稿一稿过去后，比蒂发现自己的戏份越来越少，而无名的艾伦的戏份越来越多。比蒂最终生气暴走。《风流绅士》获得了巨大的成功。从那一刻开始，艾伦成为了好莱坞的一线明星，他总会确认他对作品有完全的控制权。他把每个机会都当作唯一的机会，从而抓住了大多数的机会。他把每一个小的机会放大，完成了越来越优秀的电影作品。

我认识许多优秀的艺术家，他们有过举办个人展的机会，但都因合同很小的事宜跟展览方产生分歧，导致展览没能顺利进行。之后他们就再也没机会举办展览。我也认识一些作家，他们希望出版方能够提供更高的版税。他们拒绝了，于是那成为了他们唯一出书的机会。这是生命重大的转机，他们总期待更多的机会会来，但是没有。他们逐渐消失，被遗忘。如果你还是无名氏，那么做一个难搞的无名氏不是个好主意。如果你已经小有名气，那么你可以做个难搞的小名人。即便如此，这也不一定多聪明。

如果你有个假期，珍惜它，看看它将带领你去何方。即便你没想过你会怎样使用它，不如先接受，然后再去思考如何实现。当事情发生的时候，自然应对。

> 生命的成功秘密之一是，随时准备好机会的到来。
>
> ——本杰明·迪斯累利
>
> （Benjamin Disraeli，英国前首相）

没看到任何值得付出的机会？ 回到第 20 页，去创造你自己的机会，或者翻开第 258 页，坚持到最后。

经常自相矛盾

“只有在丰富的矛盾中才能结出丰厚的果实。”弗里德里希·尼采（Friedrich Nietzsche）说。走近创新思维者，会发现他们的人格充满矛盾。著名心理学家米哈里·契克森米哈赖发现，每个有创意的人“身上有着极其矛盾的特征；他们不是个体，每个有创意的人都是复合体”。

英国画家弗朗西斯·培根（Francis Bacon）是个很好的例证：有矛盾人格特质是创作出伟大艺术作品的必要条件。培根是20世纪伟大的艺术家，他能够在那个野蛮温柔的时代中，捕捉到焦虑和疯狂的能量。他绘画中的暴力受人尊敬的同时，也令人讨厌。

从许多方面来看培根的作品都是难以界定的。它们是肖像作品，但是画里的人物却难以辨识，它从抽象的范畴延伸到了具象的画面中。这些作品通常被称为“习作”，因为培根无法确定这幅画是否已经完成。

心理学家主张外向型和内向型是评价人最稳定的人格特性。然而这对于创意个体来说不太适用——因为他们两个特性同时存在，既外向又内向，有时会在中心受万众瞩目，有时又躲在角落。培根再一次证明了这个悖论。他经常去Colony Room，一个伦敦Soho区的私人饮酒会所，也是伦敦创意人的聚集地。培根总在舞台的最中心，但从酒吧出来的他又会花无尽的时间待在他的工作室里。他经常地从外向转到内向。

培根还表现出创意人另一种经典的矛盾性：兼具反抗与保守性。他沉醉于艺术史的传统之中：在画布上用油画颜料去画很多肖像画，把自己的画裱以金色的画框。同时他也挑战传统：故意“画错”，用没有涂基底的画布作画，把颜料涂在垃圾桶盖和抹布上，而不是用画笔，他的主题也经常是既震撼又疯狂。

如果不是对文化某部分有深刻的理解，很难做到有创意。但一个创意人更需要具有反叛精神，可以突破传统的安全边界，做些不一样的东西。就像法国作家兼思想家乔治·巴塔耶（Georges Bataille）所说的，“我相信真相只有一面，即暴力的矛盾冲突。”

弗朗西斯·培根对自己的工作极具热情，同时也对自己有很高的要求。他可以全身心地投入一幅作品几个小时甚至几天，然后突然转向另一个主题；或者因为对某处不满意，用刀子毁掉一幅画作。如果没有热情的话，我们会很快放弃一个有难度的任务。如果没有目标的话，我们根本无法评价自己的作品。

培根的个性中包含了许多矛盾，既有严肃活泼的一面，也可以保持傲慢以及谦逊。他会贬低那些他认为不入流的画家，但他对于伦勃朗和梵高的崇拜让他可以明确知道自己所处的位置。

他的作品是伟大的艺术，因为它们反映了他头脑中的矛盾。他的绘画用精细的手法野蛮地划开了人类的肉体。一个细腻描绘出的画面却被一笔粗犷疯狂的飞溅遮盖。他用笔暴烈而温柔。许多作品中都会有一块乌黑与纯白的对比。这样的对比营造出了张力与兴奋感。这些是他头脑中的矛盾，因此在绘画中也能成为伟大的艺术。

矛盾和创意是无法分割的，这对一些人来说有些复杂且不愿意接受。我们的文化会给我们施压，你必须知道你所代表的是什么，你需要去决定并且跟随。改变主意几乎是一种犯罪。这样的结果会导致思维的僵化。个体的真实也是集体的真实。“如果公司里的每个人想的都一样，对于公司来说是一个非常危险的事情。”戴尔公司董事长兼首席执行官迈克尔·戴尔（Michael Dell）说。他鼓励他的员工从不同的角度去解决问题。一个有创意的头脑会同时看到不同的视角。自我矛盾还表明你充满了可能性。

> 只有白痴才没法在一天内反驳自己三次。
>
> ——弗里德里希·尼采（德国哲学家）

完美主义者? 回到第 112 页，去计划更多的意外。

有很多事情要做? 回到第 109 页，停下来，什么都不想。

把玩笑当真

很多成功的创意人士并不是从主宰世界的宏伟蓝图开始，而始于一句玩笑。当马克·扎克伯格（Mark Zuckerberg）创立Facebook时，他并没有想要建一个全球大公司，而是想要表现宅男颠覆性的幽默感。Facebook最初是为了让哈佛大学的在校生通过照片来选出全校最好看的女孩。这在当时引起了众怒，被学校封禁，但挡不住它的疾速流行，甚至还挤爆了学校的服务器。

安迪·沃霍尔的很多画作都从一句玩笑开始。他创作了一系列丝网印作品，上面满是一列一列的美元纸钞，他诙谐地调侃了艺术的价值。收藏家花了上万美元去买那几美元。马塞尔·杜尚的《泉》，用一句玩笑引发了一场艺术革命，它成为20世纪最有影响力的一幅作品。只需要6美元的申请费，任何艺术家都可以向独立艺术家组织提交作品。杜尚开了个玩笑，他投了一个从纽约管道公司购买的陶瓷小便器，上有“R.MUTT 1917”（制造者的姓名）的签名，并起名为“泉”。这件作品一直没有被展出，策展人拒绝展出它，但它的提交却引起了骚动。这到底是不是艺术?《泉》被扔掉、遗忘。一幅照片是这个原始物品的唯一记录。它的成功缘于这张照片被一个先锋艺术杂志重新印制，配以一篇文章讲述作品中“现成品”（ready-made）的核心概念。这在艺术评论界开始了滚雪球效应，《泉》声名鹊起。它一次次在艺术杂志和书籍中被复制。收藏者因为它的名气想要购买，因此杜尚决定重造它。这又出现了一个问题：制造商已经停产了。杜尚雇了一个手工匠去一点点地根据那张照片重新打造了一个纯手工复制品，复制——多醉人的讽刺。

幽默是一个模式切换的过程。一句玩笑之所以有趣，是因为它引发了从熟悉模式到意外新鲜模式的“观察力转换”。在那一刻会给人带来惊喜，这样的意识引发了笑声。杜尚没有想到《泉》可以成为当代艺术的核心作品。他调侃了独立艺术家组织对于传统艺术技巧的崇拜。在那时，公众对于艺术的期待是一个金铜色的裸女或者其他什么，而不是一个小便器。如果杜尚认为《泉》是一个大师级作品，他也就不会把它扔掉了。当整个艺术界把这个玩笑当真后，他也开始严肃地对待它。受到《泉》意外成功的鼓励后，杜尚开始创作这种“现成品”艺术，由艺术家选择一个现成的制造品，做一些修改。杜尚把这看作是突破传统手工艺术禁锢的解药。只需要去选择主题，便成为了艺术。

传统笑话的模式是：听者会被指向一个熟悉、合理的路径。当他们在熟悉的道路上行走，最后的结尾却总会突然翻转到一条不同的小路。创意就是要建立这种意外，用新的视角去看待事物。而用幽默可以转换这种期待。

我们总会陷入忙碌、焦虑、厌倦的状态，却还要在工作中看起来很高效。在那样的大脑模式下，几乎是不可能有创新的。我们的社会总是认为，如果一个人看起来像在玩乐，他就做不好工作。我们不要被一个严肃的大脑模式压垮，我们真正需要的是幽默。幽默是一把可以打开反直觉并充满颠覆性思维大门的钥匙。如果你陷入僵局模式，它能带给你新的视角、新的观察、新的启迪。

> 只有那些有愚蠢能力的人，才可以被称为真的智者。
>
> ——克里斯托夫·伊舍伍德
>
> （Christopher Isherwood，作家）

有启发？ 回到第 91 页，成熟到充满童心。

放长眼光

有些创意人是有远见的。这是与生俱来的能力还是一种技巧?“它帮助我们看到地平线的另一端。”企业家特德·特纳(Ted Turner)说。很多人都只顾眼前而缺乏长远的眼光。为什么特德·特纳被视为一个具有长远眼光的企业家?在1970年代,特纳就认为工作时间可以更有弹性,传统的朝九晚五工作模式已经过时了。它与电视节目是冲突的,新闻一般是早6点到晚10点。特纳的想法是成立一个24小时新闻台,叫CNN,这样每个人在任何时间都可以观看。CNN中有环球新闻,不像其他经过仔细编辑、流畅播放的主流频道,CNN是现场的、粗糙的、即时的。像波兰团结工会的罢工、1991年海湾战争都被及时切到了演播室。记者没有喘息和准备的时间。特德·特纳革命性地让新闻播报成为“地球村”的推手。CNN成为世界上最大的新闻输出频道。

特纳读到一篇关于通信卫星的文章，意识到可以用卫星覆盖整个北美洲，去与现有的电视台竞争。他是个有远见的人，他的远见在于他知道广播行业的未来改变会是什么，这样他就可以做第一个践行者。

在父亲1963年自杀之后，特纳继承了规模很小的家族广告业务，让公司从破产边缘逐渐转为盈利。他长远地预见了路牌广告行业、餐饮行业、电视和专业体育行业。他看到了它们的未来，把它们带到现实中——每次都能找到上百万美元的业务，从而使他可以捐上亿美元给慈善事业。

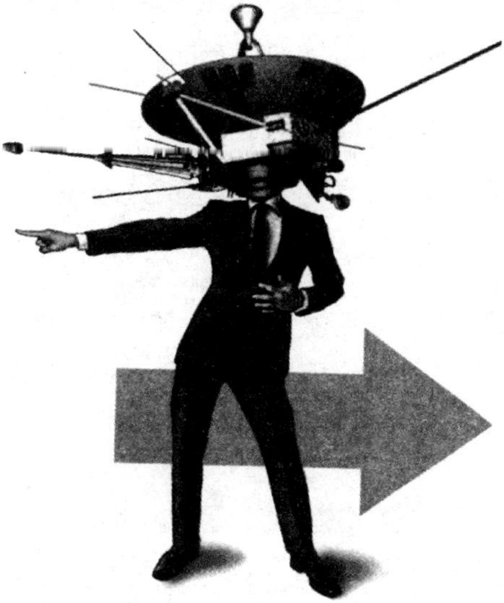

“一天早晨，格里高尔一觉醒来，突然发现自己变成了一只大甲虫。”这是卡夫卡（Franz Kafka）经典小说《变形记》开篇的第一句话。《变形记》第一次出版于1915年。格里高尔发现自己突然变成了大甲虫，他不知道是怎么变的，也不知道为什么，他一觉醒来却发现世界完全不同了——多典型的卡夫卡情节。

卡夫卡被认为是一个有远见的作家，他总是超前于他所处的时代。“卡夫卡式的”（Kafkaesque）这个词是对卡夫卡风格的解读，专门用来描述一个暗淡的世界，在这里，人们遭受莫须有的审讯，与莫名的权威抗争。卡夫卡在一家保险公司工作。他身处复杂的官僚机构，作为一个小职员，却想要预知未来会如何发展。在他的故事中预知了极权主义的崛起和大屠杀。他能看到在他周围所发生事情的结果，并把这样的结果放大到极致。

基斯·哈林（Keith Haring）是个有远见的艺术家，他的绘画是20世纪极具代表性的视觉语言。1980年代初哈林在纽约视觉艺术学院学习绘画、油画、雕塑和艺术史。他可以仅用线条就创造出流动感，独特的风格里有大量的图形元素，如心、手和一个“放射性婴儿”，通常与一些抽象形状融合在一起，营造出强烈的视觉组合。

哈林在寻找下一个重要艺术运动的种子。美国中心城区的画廊移到乡镇之前，他曾作为助理在Tony Shafrazi画廊工作，以了解来自艺术圈内部的最新趋势。中心城区的画廊开始展出那些在街道上、地铁里涂鸦艺术家的作品，但这些作品非常公式化，一水都是华丽的彩色文字。不同的涂鸦艺术家却有相同的风格，于是哈林看到了机遇。他让自己的作品参与到这个运动中来，而他锐利的边缘黑线、符号化的图形风格一下子跳了出来。他在Tony Shafrazi画廊举办了个人画展，很快就被载入了艺术史册。

有远见的人不一定就有远景；他们只是想知道在他们的领域内下一个发展趋势会是什么，他们想先于其他人去实践。太多人目光短浅，忙于复制日常的时间，都不愿抬起头，看看地球的另一端。

> 一个有远见的人是一个能看到未来或者想象未来的人。对我来说，我用之，它来。这不来自梦或白日梦，而来自对市场的了解，对世界的了解，对人们的了解，对明天它们的趋势的了解。
>
> ——伦纳德·劳德（Leonard Lauder，企业家/雅施兰黛前董事长）

是? 翻开第 251 页，看向未来。

否? 回到第 102 页，活在当下。

从A走到B，经过Z

龙虾藏在河床边的岩石角落和缝隙中，有时会卡在边缘，无法移动。但它们不会饿死，因为靠钳子拍打海水，引发海水震动依然可以把食物送到口中。它们已和岩石融为一体。我们每个人是不是都遇到过这样的情况，又是如何处理的呢？

我给中央圣马丁学院的学生布置了一个任务，就是找到某一区域的地图，绕着玻璃杯在地图上画一个圆，然后找到那里。他们在街上拿出地图，跟着圆圈路线走，不能有任何偏差。这带他们去了这座城市中他们没去过的地方。他们敲陌生人的房门，说服他们可以穿过他们的房子和办公室。有时我会把任务的难度加大，让学生带上一个沙发同行。这改变了他们看城市的角度，他们认识了平时没有认识的人，看到了平时对他们关闭的建筑物内部。我还给他们布置过一些其他任务，比如同时进行一个三方足球赛，用巴黎的地图来游览纽约……

我们会培养自己的习惯。去地铁走同样的路，买同样的报纸，打开同样的电脑。我们的行为已经越来越自动化，如同机器人一样，逐渐对自己所做的事情失去了感知。但是若想要有创意的思维，我们必须保持感知力。感知力是指无论你在做什么，都有完全清醒的认知。没有感知力代表着你在失去机会，你没有清醒地活着。

居伊·德波（Guy Debord）用一种新的方法去感知世界，被称为心灵地图（psychogeography）。它的目的是去把人们唤醒，对周遭事物有新的感知。为了使人们离开惯常的思考和行为方式，心灵地图会设计打破正常原始的情景。心灵地图找到了不同旅行的方法，可以让你与旅行重新建立联系，假装你并不了解你的城市、道路和建筑。我们会用新鲜的视角，用更高的感知力，去看得更远。

我最喜爱的一个关于心灵地图的例子也是意外之旅。在《旁观的艺术》（*The Art of Looking Sideway*）中，艾伦·弗莱彻（Alan Fletcher）讲述了一个死在北极的美国探险家的故事，他的家人为了把尸体运回家，付了因纽特人一大笔钱。因纽特人从没离开过北极圈，所以在他把尸体运送到了后，决定用那些钱在美国旅行。他不会讲英语，所以在火车站买票时他会一个词一个词地重复站在他前面的那位乘客所说的话。这个因纽特人用这种奇怪又随机的方法穿越了美国。他最终在俄亥俄的一个小镇花光了钱，在那里度过了余生。

如果你永远都在走相同的路，会容易迷失自己，不知自己身在何方。如果一直用相同的方式做相同的事情，也会永远得到相同的结果。在工作室，很容易用之前的方法去做之前的事，陷入这样的循环，最终一切照旧。改变是好的，即便只是变一下你的桌子，或者移一下复印机。成长是痛苦的，改变也是，但是没有什么比在错的地方一直待着更为痛苦。你越经常用同样的方法来做事情，就越难以用不同的方法去看待事情。有时从A到B不一定要走直线，也可以偶尔经过一下木星。

> 创意是习惯与独创性的对弈。
>
> ——亚瑟·库斯勒
>
> （Arthur Koestler，作家／记者）

回到第162页，看一下乔治·艾略特关于重复说了什么。

让自己投入

在快速变化的环境下，你能否克服多重困难，接受技术挑战且还不失去创意表达？如果用了正确的方法，是可以的。

我曾在片场待在一个电影导演身边，从没见过比这压力更大的工作。永远会有一大堆人问："这个灯怎么打？""这句台词我该怎么读？""特写还是远景？"面对剧组成员、摄影师、灯光工程师、场景设计、化妆设计，他需要给出一个个精准的回答，还要时刻考虑预算。导演们在早上7点开始上班，经常是一天20小时处于混乱的工作氛围中。在他们身上还有更大的压力：如果电影失败，也许他们不再会有机会去做下一部。有时他们还要写剧本，做剪辑，甚至在自己的影片中出演。

导演彼得·博格丹诺维奇（Peter Bogdanovich）回答了这一

系列问题，因为他对电影无所不知。他用索引卡去记录重要的信息和他看过的每一部电影的个人影评。在12～30岁之间，他积累了5 316张这样的卡片。他每周要看6～8部电影，爱《公民凯恩》这部他看过很多次却依然最爱的电影的影响，他成为了一名导演。他在当代艺术中心时的工作是负责电影的排班表，同时为《时尚先生》(*Esquire*)杂志撰写电影评论。在他采访导演时，导演都惊讶于他对电影的了解。博格丹诺维奇能背下所有的剧组名单，说出每个剪辑画面，讲出每个镜头的移动。这些导演也很喜欢他，他和当时最出名的导演成了朋友。他曾经一天之内在时代广场看了5部电影，然后回家。在一场电影放映时，一位曾看过他在《时尚先生》评论文章的好莱坞大亨给了他一个工作机会，作为下一部影片的副导演。一切进展得很顺利，让他日后有机会指导自己的影片。无论片场出现了任何问题，他都能用之前他学到的技术去解决。

他导演的影片《最后一场电影》(*The Last Picture Show*)在1972年获得了奥斯卡提名。这部电影看起来既古典又新颖，因为博格丹诺维奇在彩色已经普遍的年代使用黑白拍摄。他用长镜头去代替支离破碎的场景剪辑，这都是他花大量时间研究《公民凯恩》的结果。《最后一场电影》还革命性地用了歌曲配乐。在特定的时间，歌曲会在电影中的收音机、留声机、自动唱机里播放。之前也有其他导演做过类似的尝试，但是从来没有人用过如此巧妙的方法。

这告诉我们，要让自己投入到所感兴趣事物的每一个方面，去了解你需要了解的全部。无论是在金融、科技、教育还是其他行业，读每一本书和杂志，听每一场讲座，用你能想到的所有方法去研究你的主题。当危机出现之时，你便有足够的知识去应对。

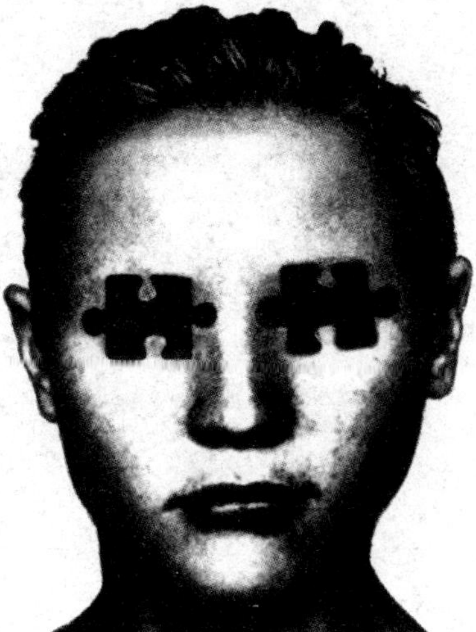

昆汀·塔伦蒂诺（Quentin Tarantino）曾是Archives音像店的员工。作为一个电影狂热爱好者，他爱和顾客交流，也会留意顾客租借的电影碟片的风格。昆汀说，这影响了他，使他成为一个导演；他说："如果有朋友问我有没有上过电影学院，我说没有。我走进的是电影。"他和博格丹诺维奇都通过对电影的研究，自学如何制作电影。昆汀也会用歌曲配乐，就像博格丹诺维奇一样。

钻研书籍、杂志、档案、你的文化、你的英雄和你的导师，因为这些都是通往创意的机会。它们会给你一个有方向的道路，也许会带你去往特别的地方。留意你领域中的所有想法。一个特定的想法决定了对某一阶段文化的感知力。确保自己全都熟悉。

> 没有什么是完全原创的。从任何地方都可以撷取那些会产生共鸣的、给你想象力养分的资源。去大口吞食那些老电影、新电影、音乐、书、画、摄影、诗、梦、随机的对话、建筑、桥梁、街道标志、树、云、水、光与影。
>
> ——吉姆·贾木许（Jim Jarmusch，美国独立电影导演）

感兴趣？ 回到第 204 页，去重新发明一些已经存在的东西。

不感兴趣？ 回到第 130 页，去拥抱无知。

即兴艺术

贺比·汉考克（Herbie Hancock）和迈尔斯·戴维斯（Miles Davis）一起演奏时弹错了和弦，戴维斯将错就错，随机来了段独奏。戴维斯把错的音符转变成了好的音乐。他并没有因为这些错误而生气，也没去怪罪汉考克让他自责。戴维斯之所以能这样包容，是因为他对自己的能力充满信心，这样的信心可以去即兴控制发生的任何事情。这同时也让汉考克感到自信，并能够自由地去尝试。一个即兴的态度可以鼓励人们更加的灵活，也拥有更强的适应力。

迈尔斯·戴维斯的团队习惯在压力下快速做决定。所有的爵士乐手都在独奏时即兴，但戴维斯营造了一种气氛，在这样的气氛下乐手不会注意到其他人的错误——因为错误是正常的。他不鼓励乐手们在录音前去练习，这样可以让他们去冒风险，尝试新的可能性，也许在转角就会有新的发现。这也是为什么当戴维斯的乐队在演奏时，合在一起的旋律要比他们单独的总和要好听得多。

迈尔斯·戴维斯证明，复杂情况的适应力和持续性的改变非常具有优势，他乐队的成员在演奏时彼此沟通，他们不去挑别人的错，也不会扼杀另一个人的想法。这样的即兴“爵士模式”对有效的领导力来说是很重要的。

我们需要即兴艺术去面对新的挑战。比如，一个爵士乐队可以为一个大公司或组织树立如何运作的榜样。组织一般都会遵循传统的等级模式，管理层做计划、管理和控制工作；领导如同按照固定的乐谱去指挥交响乐团；员工则会根据有没有照着剧本做而被评价。这样会灌输一种害怕错误、害怕犯错的恐惧感。世界拳击冠军泰森（Mike Tyson）说，“每个人在被击中嘴之前都有过计划。”自信的领导把错误当作指向新路径的一个邀请。他们管理自己，这样无论发生什么，都可以做到最好。

不去犯错本身就是个错误。如同迈尔斯·戴维斯，领导者需要控制表演的艺术，找机会独奏。世界上最好的领导和团队都会即兴。组织必须在管理和经济波动中采取有创造性的应对方法，这是爵士告诉我们的。千万不要不即兴。

当我即兴时，我更像我。

——爱德华·霍普

（Edward Hopper，写实主义画家）

受启发? 回到第 112 页，去计划更多的意外。

拒绝接受，接受拒绝

下面这些知名的书在最终出版前都被出版商拒绝了很多次。《海鸥乔纳森》的作者理查德·巴赫（Richard Bach）被拒绝了140次，《飘》的作者玛格丽特·米切尔（Margaret Mitchell）被拒绝了38次，《魔女嘉莉》的作者史蒂芬·金30次，《瓦特希普高原》的作者理查德·亚当斯（Richard Adams）26次，《哈利·波特与魔法石》的作者J.K.罗琳12次，《暮光之城》的作者斯蒂芬妮·梅尔14次。

这些作家的共同特点是对自己要求严格，以及为了作品愿意牺牲安逸的决心。每当稿件被拒绝后，他们便重新修改，改变起始句，让开篇更加戏剧化，把结尾也改得更惊心动魄。他们在修改作品的同时自己也在进步。克服了这种被拒绝的不幸，打开了自我探索的管道，从而使他们能揭开真我的本性。

没有人喜欢被拒绝，些许的安慰和评论至少说明他们在认真看待你。然而拒绝代表他们并不在意。伟大的创新思维者都经历过这些，他们如何应对决定了他们最终是成功还是失败。拒绝会让那些更有可能成功的人更受鼓舞，更加坚强。

对拒绝的害怕会让你羞于展示自己的作品。艺术商，出版商，宣传方，收藏者，虽然每个人各有自己的理由和动机，但都可能会拒绝你。一个画廊没有收录某位艺术家的作品并不代表这幅画质量不高，或许因为它不适合该画廊的风格与理念，或许是与其他艺术家的主题不统一，又或许定价对于收藏者来说太高或者太低了。这些都无法简单地用好或坏去评价。伟大的创意人知道被拒绝时他们并没有失去什么。是他们关于未来的幻想被拒了，而不是他们眼前的现实。他们想要在顶级的画廊里面举办作品展。如果他们经过尝试却失败了，他们只会和现在一样，并不会更糟。一直尝试尝试再尝试的话，什么也不会失去。

我的一位学生和我说，“收到拒绝信最近成为了一种鼓励。”我被感动了，永远没有忘记他积极的态度。我听说那之后不久他便收到了录用函。表扬和成功滋生自满，拒绝滋生决心。它会让你重新审视自己的作品，并不断修改，努力做到更好。

> 我相信所有伟大的创新都源于拒绝。
>
> ——路易－费迪南·塞利纳
>
> （Louis–Ferdinand Céline，法国作家）

回到第 43 页，去发现自我怀疑和不满足的愉悦。

尽可能让人讨厌

1729年，乔纳森·斯威夫特（Jonathan Swift）出版了一本书《一个小小的建议》，书里建议穷孩子应该被吃掉。乔纳森·斯威夫特是位受人尊敬的作家，他的代表作有《格列佛游记》。但当他在新书里面写爱尔兰的家长应当把孩子卖给富人作为食物时，有些读者却当真了。书中描绘了爱尔兰饥饿乞丐的困境，“一个年幼健康的婴儿被细心照料，一年后他会成为一道有营养的零售食物，无论是蒸、煮、炸、烤，都美味极了。”对为什么吃孩子是个好主意，斯威夫特讲述得非常详细；他列出了菜谱、准备方法、烹饪方法，详细计算出了这对于穷人来说有多划算。读者认为斯威夫特是在严肃地建议食人和杀婴行为。他们愤怒了。一直到这本书的结尾，斯威夫特引入了他认为是解决方法的改革，读者才意识到他们被激怒了。

斯威夫特的这本书产生了深远的影响。一个冷静的、常见的改革提案时常不被注意。斯威夫特想快速地改变局面，让效果落地。他需要把他的想法传播给更多的人，产生影响。他抓住了机会，走在了可能让自己粉身碎骨的悬崖的边缘，但他成功了。

挑衅是个合法的战术。刺激反应。刺激变化。刺激意识。让人们在情感上能参与是很重要的。如果你有想要传达的信息，你需要吸引人们的注意力，否则你就是自说自话。每一个创新思维者都有一颗文化煽动者的心，他们想要改变，改造，让人们有意识。

创意不是为了警示，而是为了那些把脖子挂在绳子上的人。有时我们需要去刺激人们的反应。不要害怕冒犯别人，应当害怕没有被听到。

> 我很明显在刺激他们。我很明显在跟他们作对。
>
> ——彼得·格林纳威
>
> （Peter Greenaway，电影导演）

被启发? 回到第148页，丢一颗真实的炸弹。

异花传粉

大部分能够活着读到这里的人都得感谢亚历山大·弗莱明。因为他发现了青霉素和抗生素，拯救了上百万人的生命。如果抗生素没有救过你的命，也很有可能救过你祖先的命。

弗莱明和其他科学家的区别在于他像艺术家一样思考，跟那些成功的实验相比，他对那些失败的实验更感兴趣。他没有跟随逻辑化的或者合理的路径，而是去找不同与差异。跟科学家相比，他更喜爱艺术家的思维。

1928年9月，弗莱明发现一种真菌可以杀死培养出的细菌。他惊讶于它们营造出的颜色和图案。这让弗莱明发现了青霉素中的抗生素成分，这一发现革命性地改变了医学界。在弗莱明之前很多其他的科学家都在培养皿中见过青霉素，但他们却认为那是个错误而把青霉素丢掉。

弗莱明也是个疯狂的水彩画家。他和切尔西艺术俱乐部的艺术家们在一起的时间比和科学家朋友还要多。他也会用不同寻常的材料作画，用细菌画舞者、建筑物、搏斗场景以及其他主题。他在培养皿中装满琼脂，根据颜色加入不同的微生物，并放置在不同的区域中，凭着对微生物的了解，他知道这些长出来会是什么样子。细菌画的颜色十分艳丽，而且它们是活着的，这让弗莱明越加兴奋。弗莱明的画板越来越丰富，他把微生物作为颜料去

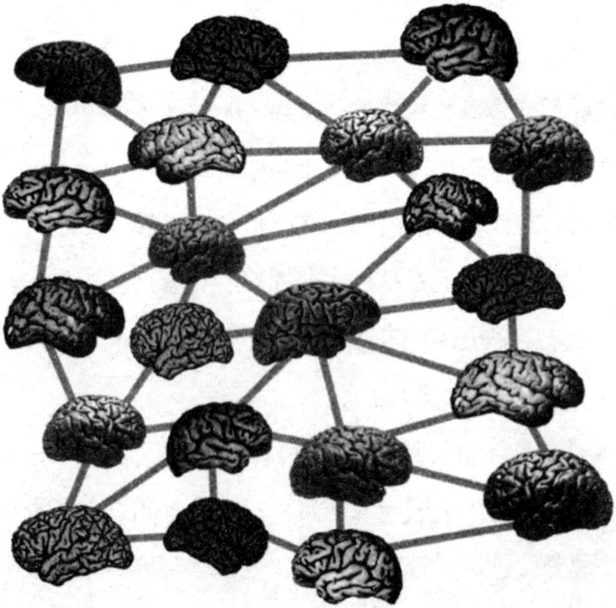

探索。他不像其他的科学家那样因实用价值而收集细菌，他是为了细菌本身的艺术价值。

弗莱明既是艺术家也是科学家，并试图模糊两者之间的界限。他的实验室就像艺术家的工作室一样凌乱，培养皿、微生物杂乱地堆在一起。弗莱明发现青霉素的原因稀奇罕见，是因为他想找到某种元素用在他的绘画中。弗莱明一生都在寻找不同寻常的事物，以及如何创造它们。

在弗莱明寻找奇特和不同寻常的同时，他也有其他发现。有一次，他把鼻涕滴到培养皿里，想看看能发生什么。一种新的颜色？新的细菌？他发现鼻涕杀死了细菌。这一偶然事件让他发现了溶解酶，一种完全由身体自身制造出来的抗生素。弗莱明用别人扔到垃圾桶里的东西探索到了这些特别的发现。

很多伟大的科学家，除了关注自己的领域之外，也对艺术和写小说、绘画、雕塑、音乐非常感兴趣。爱因斯坦每天都会拉小提琴，去哪里都随身带着他的琴。控制论的创始人诺伯特·维纳（Nobert Wiener）也写小说。达尔文对雪莱非常感兴趣。尼尔斯·玻尔（Niels Bohr）崇拜莎士比亚。他们对于文化的广泛兴趣让自己的领域更为丰富。

像丹麦助听器生产商奥迪康（Oticon）这样的创新公司非常支持跨领域想法。在他们公司的楼梯间，来自不同层级的员工在那里交换想法和信息，会议就自然而然地开始了。为了鼓励这样的跨领域交流，奥迪康把楼梯加宽。诺基亚鼓励他们的员工在咖啡厅吃饭而不是在自己的办公桌前或者去外面吃。把不同部门的员工混合在一起，是个可以跨领域交换想法的很有效的方法。成功的创意人会从任何资源那里获取新的想法。

> 你可以在任何地方找到灵感。
>
> ——弗兰克·盖里

回到第 165 页，去看一下齐默尔曼如何运用类似的想法，使自己成为世界上最流行的歌手和音乐人。

或者回到第 55 页，去认识另一位思想者，他拒绝受到自己领域的限制，他让所有人都变得更富有。

保持玩心

福克斯广播公司让马特·格罗宁（Matt Groening）为电视动画短片做一个提案。这是件大事。格罗宁想使用他之前成功的卡通连环画《地狱生活》（*Life in Hell*）中的形象，在提案前15分钟才发现福克斯对这些形象享有全部的权利。他决定不给他们看他提前准备好的东西，而是现场提出一个新的想法。在这种绝望的状态下，格罗宁在等待大厅里构想出一个不正常的卡通家庭“辛普森家族”。他给他们起的名字也都是能快速想起的，多是他父母和兄弟姐妹的真名。最终他的提案获胜。于是“辛普森家族”这个30分钟的节目每周播出，已经持续了20年。“辛普森家族”做了电影、书和玩具，创建了一个价值百万美元的流行文化帝国。从没有一个电视节目可以像这部动画一样，有这么大的文化影响力。

学生时代满是无用的背诵和陈旧的知识，这对于格罗宁来说太无趣了。他想要表达自己，所以在课上他一直偷偷画画。美术教室是他的避难所，从无到有的激动感让他激动到停不下来，他画了上百张画。他很快意识到自己缺少传统艺术的天分，所以在绘画中加入了故事和笑话，让它们更有趣。他解释说，卡通适合那些像他一样不能画得那么好也不能写得那么好的人，所以才把两个一半一半的天分结合在一起成为职业。格罗宁相信他可以靠卡通为生。他的朋友也曾有相同的梦想，但是当他们长大后变得越来越严肃现实。格罗宁知道他不能像他们一样。他带着玩心成为了一名卡通画师，同时也做兼职以维持收支平衡。

格罗宁看着跟他同期的朋友们，那些严肃对待自己职业的人逐渐枯萎死亡。他们在枯竭而格罗宁却在盛放。

无论你是谁或者你在做什么，保持有趣是你可以应对一切的方法。玩耍可以让任何领域充满活力，我们也可以去发现探索更多的可能性。

作家和精神病学家斯图亚特·布朗（ Dr. Stuart Brown ）花了数十年去研究“玩耍”对于人类不同阶段的重要性。他采访了超过6 000个案例，这之中包括商人和诺贝尔奖获得者。他发现缺乏玩耍的心态可能导致犯罪，这对于得克萨斯监狱杀人犯的犯罪行为来说是一个重要的预测。布朗解释说玩耍应该是“没有目的性的，有趣的，享受的”。应该关注真实的体验，而不是为了有什么收获。遗憾的是，社会可以接受的唯一玩耍是竞争玩耍，如体育这种有着明确获胜目标的竞技运动。

玩耍是催化剂。它可以提高生产力，可以带来有用且实际的解决方法。但玩耍没有被严肃对待。它对于成人和孩童一样重要，我们不能因为自己年龄的增长而失去好奇心。如果你不知道你所做的到底是工作还是玩，那么你在自己的领域内就成功了。

> 当他可以像孩子一样认真对待玩耍时，人就是成功的。
>
> ——赫拉克利特（Heraclitus，古希腊哲学家）

觉得太老了无法保有童心？ 回到第 63 页，让乔治亚·欧姬芙说服你。

不要在衰退中衰退

家乐氏公司（Kellogg）因为威尔·基思·凯洛格（Will Keith Kellogg）的一个反直觉决定而转型成功。在1920年代后期，家乐氏是包装谷物类产品市场中最大的公司之一。然而大萧条期间，其他的公司都做了可预知的事情：它们控制费用，削减广告支出。几乎所有的大公司都在减少开支，经济衰退时期的短期考虑压倒了长期的机会。

一般公司都向周围看，然后想"它们削减了开支，我们也应该这样做"。在困难时期，大部分公司都减少了在研发阶段的投入。这也合理，它们要保护已有的产品。而家乐氏却做了一个看似不合理的决定：在广告上加倍投入。家乐氏按照自己的想法做了与其他人相反的事情。大萧条只是个开始，凯洛格知道人们仍然需要吃早饭，而大多数美国人都喜欢“麦片和牛奶”。这让他不仅仅是一个CEO，更是一个创意人。家乐氏听取了许多金融专家的建议。他的会计和金融咨询师都试图说服他从节流做起，但有时专家会给出含糊不清的建议，让思考者无法清晰去思考。

经济衰退会带来更多的挑战机会，而不是更少。家乐氏看到了前所未有的竞争优势。当每个人都可以在广告上任意投入的时候，就很难有什么优势。但是当广告稀少时，支出会上升，回报也会加倍。十年之后，数据显示：那些在大萧条期间仍在广告上投入的公司会比削减投入的公司成功得多。为什么呢？公司想要节约成本，于是在衰退期间继续削减广告投入。在衰退时的投入看起来是错的，其实是对的。在大萧条的最初期，家乐氏还在抢占市场份额。而到大萧条结束时，家乐氏已经完全支配了市场。

我们的大脑里充满了从文化、家庭和教育中得到的观念。它们强加于我们，而我们也从小接受这些。这也是整个社会的现实。创新思维者可以把他们被迫接受的一切放在一边，去理解如何思考，以及思考什么。这让他们可以清晰地分辨所接收到的信息，去选择使用还是忽略。

让自己与众所周知的事实之间保持距离。如果你对自己的想法足够清晰，那么对周围的一切也会有更深的理解。准备好逆流而上。

最大的竞争优势是在错的时间做对的事情。

——比尔·休利特和戴维·帕卡德

（Bill Hewlett and David Packard，惠普公司创始人）

翻开第 55、239、272 页，去认识其他逆流而上的杰出人物。

投身于未来

暴雨从永恒黑暗的天空坠落到钢筋玻璃的城市。在腐烂的街道上，所有自然的痕迹都被抹去。抬头看，飞行的汽车在建筑物间穿行，一个巨大的飞艇在空中盘旋。雷电般的声音轰鸣，喷射出的蘑菇云带来烟和火。很多人都离开这个星球到与世隔绝的另一个克隆城，以逃离犯罪和污染。不同种族的人们聚在翻新过的酒吧里，在这样的混乱和破坏之中，镜头切到了银翼杀手。

雷德利·斯科特的电影《银翼杀手》想象出了克隆和人工合成的人类；在偏执的世界中，探照灯照到每个黑暗的角落，警察无处不在；实力不断增长的提尔公司把城市笼罩在一座巨大的金字塔中。科幻提出了这样的问题：未来是乌托邦还是地狱般的世界？是一个人人和谐相处的理想的社会，还是一个完全混乱不正常的社会?

苹果和谷歌在为全人类发明未来，它们是怎么做到的?研究者发现了一个共同的因素——这些公司中的很多人年轻的时候都是科幻书的粉丝。

科幻是科学与想象力的完美结合。幻想对于科学的发展是非常重要的，它可以让你不用离开地面去飞行。我们居住在曾经是科幻中的城市，而我们也开始驾驶科幻想象中的汽车。幻想会带你去那些根本不存在的、你未曾去过的地方。一旦你去了未来，你将不满足于现在的世界。这样的不满足会驱使人们改变、改进，让世界更好。

硅谷是旧金山某一区域的昵称，那里孕育了世界上许多大型的科技公司。这些公司的特别之处在于它们对未来的兴趣远大于对现在和过去的兴趣。它们永远向前看。公司的结构通常是流动且灵活的，它们可以快速地改变和适应。谷歌、苹果、雅虎、eBay和很多其他公司，它们都对未来有着伟大的设想，它们想要参与、预测并塑造未来。

每个人都在制造科幻。我们都会设计新的厨房，做新的职业规划，安排假期。我们把自己投身其中，我们视觉化它们。最好和最坏能做成什么样?我们看事件发生，我们聆听，我们感受到情绪。

作为人类的主要功能之一，便是把自己投身于未来。我们的想象力是我们所拥有的具有最大能量的工具。它比汽车、飞机或者火箭还要有力，因为我们的想象力可以创造出汽车、飞机和火箭。想象力有实际的功用，但需要持续去维持它，否则它也会老化、破碎。你要走向哪里？你可以多大程度去塑造你的命运？我们每个人在任何时刻都可以改变我们的路径，只需要问："我在十年后想要成为谁？""我在十年后想要去哪里？""我想做什么？"

> 改变是生命的规律。只向过去和现在看的人肯定会错失未来。
>
> ——约翰·F. 肯尼迪（美国前总统）

不确定? 回到第102页，那就活在现在。

摆脱思想

精神病院的一个疯女人让安徒生觉得自己太理智了。

安徒生擅长写具有丰富想象力和异国情调的童话故事，如《丑小鸭》《豌豆公主》。安徒生的童话故事在19世纪就享誉全球，到今天仍是经典，一直被全世界传颂。它们被讲给一代又一代的孩子们，把他们带入奇幻古怪的想象世界。安徒生编写了童话，构建出梦幻的、由直观常识驱动的世界。

安徒生的祖母是当地精神病院的园丁，安徒生在那里遇到了那个疯女人，这启发了他。安徒生坐在那里听她讲那些童话故事，满是女巫、精灵、地精和巨魔。疯女人教会了安徒生意识流的艺术和即兴讲故事的方法。想象出的世界、奇特的超现实角色和怪异的想法从他们不平衡的脑子里喷涌而出。就像雷・查尔斯（Ray Charles）唱的，“Dreams, if they’re any good, are always a little bit crazy.”（做梦吧，如果你的梦够好，一定是因为有点疯狂。）但是他们的故事没有形式，安徒生把那种独特的想象力编成故事。把这二者串联起来是他成功的秘诀。

他把荒谬的感性与他的文学技巧相结合，文中有着扣人心弦的故事情节和对人类的敏锐观察。安徒生笔下奇异的人物用不同寻常的视角去观察世界，很难去还原他们真实的情景。很多人评价安徒生为对潜意识的探索，弗洛伊德也把他称为20世纪超现实主义运动的先驱者。

创意需要无拘无束的想象力与现实应用的结合，再把随机的发明和趣味用一条隐形的线系在一起。孩子和精神病患者是无拘

无束、不受限制思考的最好例子。他们的想法通常是随机又灵活的，可以自由自在飞舞，那些没有被开发的世界永远向他们打开。但孩子和疯子却不能控制技术层面的创意与艺术创新，他们缺乏组织的技巧。创新思维需要二者的平衡。

想象力和幻想是健康、满足的精神生活的一个必要组成部分。无拘无束的想象力对我们的日常生活有积极的作用。想象力可以让我们去构建、预演计划。放飞你的思维，这会带来实实在在的结果。如果白日梦带你飞得更远，认识到了更远的世界，那么忘掉眼前实际的任务吧。

> 打开幻想的窗户，这样你会知道现实能带给你什么。
>
> ——劳尔·D. 阿雷拉诺（Raul D. Arellano）

回到第 177 页，了解一下为什么作者两年都没有熨衣服，以及为什么这不是件坏事 。

跳出盒子

受邀在杂志上写一篇短文？就以简洁为特色。在陡峭的山坡上设计一栋房子？那就要夸大它的实际角度。必须在弯曲的穹顶上画画还要分成块？米开朗基罗在西斯廷教堂的屋顶作画时就克服了这个限制。西斯廷教堂是圆形穹顶，向下弯曲，由拱肩分割成多个部分，往下看有60英尺。最大的挑战是如何使人像与纵横交错的拱肩相适应，这种透视的变形需要异于常人的想象力才能适应。米开朗基罗用拱肩这种非常规的形状，营造出一个与纯平面相比更具动态化的构成。它需要利用墙上的洞作为脚手架，而不是从地面开始搭建。这是他职业生涯中第一次使用复杂的绘制壁画技巧——直立绘画，仰头了好几个月，完成了对于身体极限的挑战。12 000平方英尺的画幅与其他一些伟大画作相比无疑是巨大的。

500年后，这个屋顶依然令人敬畏。这是一个结合了戏剧化、丰富色彩、生动人物、灵活动态和细腻场景的大师级作品。观者几乎注意不到拱肩，因为它完美地融合在了构图之中。

有时我们感觉受到了框架的限制，但是我们必须围绕这些限制去寻找解决方法。限制会带来独特的解决方法。不要忽略在你惯常范围外的机会。去面对困难可以带来全新的解决方案。创意需要精神的解放，需要克服阻碍。创意通常是对于约束的回应。

> 在艺术中，进步并不来自知识的无限扩展，而来自它的有限性。
>
> ——乔治·布拉克
>
> （Georges Braque，法国艺术家）

更 多? 翻开第 275 页，让自由成为一种职业，或者回到第 145 页，如何把挫折转变为机会。

想要学，先去教

我曾经是最知名艺术家、文艺复兴时期的大师拉斐尔的学生。拉斐尔和我之间是直系的教学关系。我通过一个伟大的英国艺术家汤姆·菲利浦斯（Tom Phillips）的作品发现了这件事，他追溯了他的艺术关联，我通过他连接到我自己。当我还在读大学时，我的老师弗兰克·奥尔巴赫（Frank Auerbach）是英国最伟大的当代艺术家之一，他是大卫·邦勃格（David Bomberg）的学生，而邦勃格的老师是英国印象派画家华特·席格（Walter Sickert）。这个没有中断的师承可以回溯到著名的浪漫主义艺术家和法国肖像画家，再经过德加、安格尔（Ingres）、普里马蒂乔（Primaticcio）和朱利奥·罗马诺（Giulio Romano），最终在文艺复兴的大师拉斐尔那里到达顶峰。还可以回溯到更远——拉斐尔的老师是圣·乔凡尼（Giovanni Santi），乔凡尼的老师是皮特罗·佩鲁吉诺（Pietro Perugino）……现在我是中央圣马丁学院的老师，并不是因为我想要教学，而是因为我想要从学生那里学到东西。上完课后，我常会受到启发，满脑子充满了新奇的想法。

之后呢？这些想法得以传承。他们都认为对的教学是应该提出对的问题，而不是给予对的解答。当大家一起学习时会出现魔术般的磁场，彼此都是老师，也都是学生。

伟大的德国作曲家卡尔·奥尔夫（Carl Orff）写过20世纪最伟大的乐曲之一《布兰诗歌》。但奥尔夫更伟大的贡献在于教学。他开发了奥尔夫音乐教学法，整个课程类似于孩童的玩耍状态：采用模仿、探索、即兴和组合方法。这个教学法影响到了太多的人，甚至比20世纪传统音乐的总和还要多。

很多著名的艺术家、作家、作曲家和科学家都会教学。不是为了赚钱，而是为了可以和领域内年轻与新鲜的想法相连接。“当我们在教的时候，我们也在学。”古罗马哲学家塞内卡（Seneca）说，理解内容的最好方法是把它解释给其他人听。

真正的老师不会让学生受到自己的影响。他们会启发学生不要相信他们。一个有创意的老师什么也不教，但会营造一个学习的氛围。他们的主要目的是教学生对一切，包括对他们的老师，保持疑问。

> 你无法教会其他人任何东西，你只能帮助他找到他自己。
>
> ——伽利略

回到第 50 页，了解一下为什么老师并不需要成为专家。

每天都要激进

医学实习生巴利·马歇尔（Barry Marshall）的同事惊恐地看着马歇尔吃了一个病人肠道里的病毒，那个病人有严重的胃溃疡，马歇尔把棕色的黏稠物倒进杯子里，然后喝下。那份黏稠物里头有超过一亿个幽门螺旋菌，喝起来就像沼泽水。

几天后，马歇尔开始恶心，呕吐。内窥镜检查显示他的胃从健康的粉色已经变为大面积感染的红色，是胃溃疡的初期症状。在1984年时没有治疗方法，但是马歇尔通过抗生素神奇地把自己治好了。他证明了胃溃疡是由病毒引起的，颠覆了前人关于胃溃疡来源于压力和过酸的说法。这个发现意义重大：如果是由病毒引起的，那么就可治愈。这是医药史上最有意义的事件之一，它拯救了上百万人的生命，也让马歇尔获得了诺贝尔奖。

马歇尔做了两个安全预防：他没有通知医院的伦理委员会，他知道与创意毫无干系的委员会并不允许他这么做。他也没有告诉自己的妻子，因为夫妻总是为对方过度担心。但是他妻子几天后还是猜到了，因为马歇尔开始呕吐，口气闻起来也像腐败物。

马歇尔强烈地想做这件事是有原因的。虽然他通过病例研究已经证明了他的理论，但主任医生还是对此不屑一顾。他们坚持已有的教条，溃疡发生在10%的成年人身上，是由压力引起的。马歇尔只能在惋惜中看着溃疡患者被摘除胃，流血直至死亡。

那些势利医学专家的意思是：创新需要来自那些知名的医学研究中心，而不是澳洲内陆。马歇尔是个33岁的实习生，还不是一名正式的医生。一位学者在听过他的讲座后说，“他完全不像科学家”。马歇尔抨击医药公司花了上百万去研究那些缓解症状却没有疗效的药物，而他的新理论会让医药公司赚不到钱。“每个人都和我对抗，但我知道自己是对的。”

马歇尔不能在动物身上做实验，因为幽门螺旋菌只影响灵长类。而且无法在人体上做实验，他只能找到唯一的志愿者，也就是他自己。

面对精英阶层，用可接受的方式来表达激进，也是一种创新。贝多芬作为艺术家，一直在与现实搏斗。他与标准的音乐形式对抗，重新定义了交响乐的结构、弦乐四重奏、协奏曲和奏鸣曲。那时候作曲家和服务员的收入一样。贝多芬改变了这一切，他要求获得高报酬。他是第一个和赞助人一起用餐的音乐家，而不是作为他们的仆人。这并没有影响他成为一个不爱社交又好争辩的晚宴宾客。CEO们曾只需要接管一个公司，稳定航向。现在他们不满于现状，带来了新的想法，成立了新的团队。如果你想去改变事情，那么需要在头脑中植入激进的种子。

> 任何行为，只要不是维持现状都可能被认为是精神不正常。虽然在旁观者眼里是精神错乱，事实上，也有可能是启蒙运动。
>
> ——恰克·帕拉尼克（Chuck Palahniuk，美国作家）

回到第162页，去看看另一个也是因不满于现状而出现的医学突破。

让自由成为一种职业

苏斯博士（Dr Seuss）的编辑打赌说他无法只用50个不同的词写一本书。苏斯博士赢得了这个赌约，并出版了销量最高的儿童书《绿鸡蛋和火腿》（*Green Eggs and Ham*）。梵高在绘画时最多只用6种颜色。毕加索在他的蓝色时期只使用一种颜色。他们给自己设定了这些限制。他们都需要一个框架，在适合他们的框架中工作。

杰克逊·波洛克的画作看起来混乱不堪，但结构其实非常清晰。他提前计划了每一幅画的配色方案，一般不超过8～10种颜色。他使用工业颜料，在开始工作之前，颜色已经在大桶中预调好了。有成百上千种可能的绘画技巧：渐淡画法，釉彩，轻擦，刮涂。但是波洛克只用一种技巧：滴画。他不用具象的图像。他给自己的绘画进行了明确的限制，并严格遵守。但在这限制之外他自由地工作。他不设定画面规则，限制更像是围绕一圈的罗盘指针，让他避免在无数的可能性中迷失。在1950年代，艺术评论称波洛克巨大的抽象表现主义绘画是革命性且独特的。

如果你需要在一个好选择和一个坏选择之间做决定，那很容易。如果你需要在一个好选择、另一个好选择和另外一个好选择之间做决定，那就难了。心理学家发现当选择太多时，即便是好的选择，也会导致抉择失误。斯坦福大学心理学系教授黑兹尔·罗斯·马库斯（Hazel Rose Markus）说："即使生活在一个通

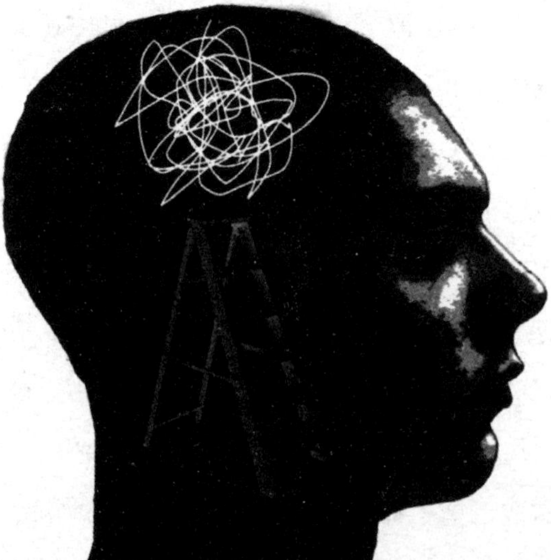

过选择可以促进自由、权力和独立的环境下，也不一定是好事。选择可以导致不确定、沮丧和自私。”

如果你在没有限制的情况下工作，你会发现需要给自己设定边界。创意人需要完全的自由，但矛盾的是，为了避免自己陷入混乱嘈杂的状态，在工作时又会设定参数和限制。完全的自由是一个危险又混乱的迷宫，让我们迷失其中。在没有限制的状态下，是为了找到自己的限制。一旦你找到了自己的限制，便可以在其中自由地工作。

> 艺术是限制，画框框住了画的核心。
>
> ——G.K. 切斯特顿（G.K.Chesterton，英国诗人 / 作家）

有启发? 回到第 197 页，给秩序带来混乱。

没启发? 回到第 236 页，从 A 走到 B，经过 Z。

练　习

以下这些练习不是为了得到特定的训练结果，而是为了给你以刺激。致敬我们在本书中看到的许多创意人。

跟自己干一仗

选一天，否定自己。如果你经常晚起，那么早起。问自己“我为什么要这么做？”如果你早晨不喝一杯咖啡就会死，那就喝杯橙汁。问些从来没问过自己的问题。如果你经常在电脑前工作，那就改成在纸上工作。在工作的时候用相反的方式。一整天都和自己作对。做与你想做的事相反的事。重新给自己的电路布线，会让你对自我有更深的理解。

思考你的想法

去理解你思考的方法。哪个是你最好的想法？回想你是怎么有的那个想法，在那之前发生了什么。什么是你最蠢的想法？是不是跟你最好的想法的萌生方式不同？谁经常给你启发？你能从他那里学到什么？在你的工作过程中你最享受哪部分？给自己的想法过程做一张图表，就像画一个汽车引擎的工作图一样，让它落地视觉化。然后去学习自己的想法。有什么惊喜吗？

跟“朋友”一起独处

如果没有独处过，则很难有创意。我认识那些同许多人一起工作的创意人士，包括编舞、剧场导演、公司经理，他们对独处都有极度的渴求。给自己一个可以思考的空间，坐在屋子里面让想法飞扬。从一分钟开始，然后十分钟，然后更长。这和冥想是相反的：你不是去清空你的想法，而是要填满。想法会爬进你的大脑。现在你不是孤孤单单的一个人，你有“朋友”了。去发展它们。

看到那些被忽略的

很多创意人都善于观察。他们会注意到被其他人忽略的东西。当和孩子一起在游乐园玩耍的时候，沃尔特·迪士尼发现了许多坐在那里无聊的父母。“为什么没有给父母的娱乐呢？”他想。于是他有了创建迪士尼乐园的想法。走到一个公共空间，写下20个你对人们的观察。学习他们，理解他们。

给自己重新起名

莫扎特一生中，几乎每周都会给自己改名。他洗礼时被命名为乔安·克丽斯多摩斯·沃尔夫冈·西奥菲勒斯·莫扎特（Joannes Chrysostomus Wolfgang Theophilus Mozart），但他常称自己为阿曼德（Amade）。他结婚后，改名为亚当（Adam），世界上第一个男人的姓名，也宣告着自己的新生。他不停地改变名字也是一种体验不同身份的方式。给自己想10个不同的新名字。它们会是你信仰的宣告吗？它能告诉别人关于你的什么？

物品中的物品

选择一些物品，可以是任何东西，也许是一把剪刀、一卷胶带、一个订书器。现在来试试不同的可能组合，移动它们，看它们怎么放在一起。最终它们会形成一个看起来顺眼或者感觉默契的组合。也许你会发明一件新的工具，或者一件艺术品。它会颠覆你对于事物的想法。

偷听旁边的对话

克里斯多弗·盖斯特（Christopher Guest）通过偷听别人的对话来获得新想法。当他在酒店大堂时，偷听到一段二流摇滚乐队乐手间毫无意义的对谈。这就是电影《摇滚万万岁》（*This is Spinal Tap*）的起源。坐在咖啡厅、酒吧里或者巴士上，写下你听到的对话。你会惊讶于这些非凡的宝藏。

从画一笔开始

有时我的学生想要点燃创意的火种，但却不知从哪里开始。有时他们因为太喜欢画画却想不出要画什么。他们在等待一个有深刻含义的、惊天动地的内容，但永远等不到。我让他们拿起笔，在画布上从任意一笔开始：可能会是粗暴的一笔。然后画另一笔作为回应，然后再一笔。在写作或者其他创意领域也是一样：写一个词，然后再写一个作为回应。很快你就会有一个故事。

The Art of Creative Thinking

Originally published by Sceptre, an imprint of Hodder & Stoughton